僕には鳥の言葉がわかる

鈴木俊貴

小学館

シジュウカラ

ヘビを意味する「ジャージャー」という声を聞くと、ヘビを探す。

タカに対する「ヒヒヒ」を聞くと、茂みに逃げたり、空を確認したりする。

翼のジェスチャー「お先にどうぞ」。

シジュウカラは言語を操る

鳴き声を組み合わせて文を作る。

繁殖の観察——
そしてみつけた
ヒナの驚きの力

巣箱の中のヒナたちは、親鳥の鳴き声に常に耳を傾けている。

森の中に設置した巣箱。

シジュウカラの卵。

鳥たちは種を越えて言葉を理解し合っている

コガラ

ヤマガラ

ゴジュウカラ

僕には鳥の言葉がわかる

はじめに

僕には鳥の言葉がわかる。空を飛ぶタカ、地面を這《は》うヘビ、おいしい木の実のありかまで、すべて鳥たちに教えてもらう。森の中を歩いていても、街の中を歩いていても、そこかしこから鳥の声が聞こえてくるし、それを言葉として理解できるのだ。

僕はこの能力を研究によって手に入れた。森に通って観察と実験を繰り返していくうちに、いつしか僕の世界は鳥たちの世界とつながり、次第にかれらの会話や思考がわかるようになったのだ。

主な研究対象はシジュウカラ。日本全国、街から山までどこにでもいる身近な鳥だが、鳴き声のレパートリーは驚くほどに豊富である。「どうしてこんなにいろんな声を出すのだろう？」という素朴な疑問から始まった研究は、ワクワクするような新発見の連続で、気がつけば十八年以上の月日が過ぎていた。

そして、僕は突き止めた。シジュウカラの鳴き声の一つひとつには意味があり、かれらはそれらの鳴き声を組み合わせて文を作ることまでできるのだ。

古代ギリシャ時代から現代まで、言葉を持つのは人間だけだと決めつけられてきた。そして、今日の人間と自然の乖離《かいり》が生まれた。

しかし、シジュウカラたちは、それが間違いであることを教えてくれた。人間には人間の言葉があるように、鳥には鳥の言葉がある。人間の言葉は動物の言葉の一つにすぎないのだ。現代人のほとんどは正しく自然を見る目を失ってしまったが、鳥たちは他の種類の動物の言葉まできちんと理解し、生きている。

僕は信じている。鳥たちの言葉の世界を知ることで、僕たちの毎日はもっと豊かで色鮮やかなものになるはずだ。

そして今、その世界を皆さんと共有するためにこの本を書いている。本書を読み終えた時、僕たちの周りに広がる野鳥たちの言葉の世界に少しでも気づいていただけたなら、これに勝る喜びはない。

二〇二四年夏　軽井沢にて

鈴木俊貴

もくじ

本文イラスト　鈴木俊貴

鳥たちの世界へ

子どもの頃の僕にとって、野鳥は遠い存在だった。

庭に来るスズメやキジバト、ゴミをあさるカラスなんかはまだよいが、たいていの鳥は木の高いところに止まっているし、すぐにどこかへ飛んでしまう。水辺に浮かぶカモたちも、一見プカプカ呑気《のんき》に見えるが、いくらゆっくり歩み寄ってもスーッと遠くに泳いでしまう。

野鳥は好きだが、もっと近くで観察したい。そんなこともあって、幼少期の僕の興味は他の生き物へと向いていた。ダンゴムシやバッタ、クワガタ、ヤドカリ、カエル、ドジョウ、ナマズ。いろいろな生き物を捕まえては家に持ち帰り、プラケースや水槽で飼っていたのだ。そして、生き物たちをじっくりと見つめながら、「かれらはどういうふうにこの世界を見ているんだろう?」などと想像するのが好きだった。

そんな僕と野鳥との距離が縮まったのは高校生の頃。お年玉で双眼鏡を買ったのがきっかけだった。

双眼鏡とは素晴らしいアイテムだ。これさえあれば、驚かすことなくどアップで鳥たちを観察できる。ムクドリの群れやツバメの巣作り、カワセミの子育てなど、日が暮れるまで見ていても、飽きたことは一度もなかった。それどころか、観察すればするほどその楽しみは増していき、僕はバードウォッチングにハマっていった。

バードウォッチングには、生き物を飼育するのとまったく違う魅力があった。虫や魚をケースに入れて観察するのは、自然の一部を切り出して自分の手元に置くことだ。そこには天敵もいなければ、食べ物もこちらで準備する。一方、野鳥の観察とは、かれらが自然界を生き抜く姿をありのままに見ることなのだ。食べ物を探し、仲間と集まり、子育てをして、時には敵に立ち向かう。野鳥を観察していると、あたかも自分が小鳥になって、かれらの世界へと入っていくような、そんな不思議な感覚があった。

——動物たちの世界を知るとは、まさにこういうことなのかもしれないと、大事な気づきを得た気がしていた。

その頃の僕の愛読書といえば、『月刊むし』や『ＢＩＲＤＥＲ（バーダー）』などの生き物関係の雑誌だったわけだが、それとは別に、図書館内のある一角にも通い詰めて本を読み漁《あさ》るようになっていた。

コンラート・ローレンツ（Konrad Lorenz）の『ソロモンの指環』、ニコラス・ティンバーゲン（Nikolaas Tinbergen）の『鳥の生活』、カール・フォン・フリッシュ（Karl von Frisch）の『ミツバチの不思議』。これらは、動物たちの本能や学習、そして行動の進化まで、目から鱗《うろこ》の自然観が書き記された、〝動物行動学〟の本だ。

動物行動学とは、ローレンツ、ティンバーゲン、フリッシュが確立した学問。動物たちを観察して、かれらのふるまいがどういう意味を持っているのか解き明かす分野である。

「僕の大好きな生き物の観察がそのまま学問になっている。百年前に生まれたら〝遊び〟と言われていたかもしれないが、今では〝学問〟なのである。学者になれば、一生好きな動物の観察をして過ごしていけるかもしれない。この時代に生まれてよかった」と僕は思った。

そして僕は鳥の研究ができる大学へと進学し、研究者を目指す決意を固めた。研究者にとって一番大切なこと。それは、〝何を対象にどんな研究をするのか〟だ。ローレンツならハイイロガンの刷り込み、ティンバーゲンならトゲウオの婚姻色、フリッシュならミツバチのダンス。素晴らしい研究者には、何か一つ、その人の成し遂げた、その人を象徴する研究テーマがあるものなのだ。僕にも生涯をかけて解き明かしたいと思えるような、夢中になれる研究テーマが見つかるだろうか？

そんな思いで、大学生の頃は、週末は必ず野鳥の観察に出かけていた。林や森、干潟に河川。春休みや夏休みには貯金をくずして遠くの離島へも出かけた。

コサギの狩りやチョウゲンボウの繁殖、エナガの巣作りなど、どれを観察しても面白く、あっという間に日が暮れる。

観察していて気づいたことは、何でもフィールドノートに書き込んでいった。だが、「これだ！」と思える研究テーマはなかなか見つからない。野鳥がどんな食べ物を食べているのか、どうやって巣を作るのかなどは、時間をかけて調べてみればわかることだ。そうではなく、誰も想像すらしていない未知の世界もあるはずだ。僕はそんな世界を探究したいと思っていた。

――そして、大学三年の冬、運命の出会いがあった。それは、一人で長野県の軽井沢町を訪れた時のことである。

軽井沢は国内有数の探鳥地。年間を通じて百種類を超える野鳥が観察でき、日本で最も初めに制定された国設〝野鳥の森〟もある。フィールドガイドをめくると、この季節はシジュウカラやアカゲラなどの留鳥《りゅうちょう》（季節による移動をしない鳥）だけでなく、ウソやイスカ、ヒレンジャクやキレンジャク、オオマシコなどの冬鳥も見ることができるとある。

中軽井沢のバス停から雪道を歩くこと約一時間。ようやく宿に到着すると、双眼鏡を片手にいそいそと森へと向かった。

森に着くと、息を呑《の》むような美しい景色が広がっていた。そこはまるで銀世界。一面真っ白な雪に覆われていて、その先には浅間山が美しくそびえていた。地面からの

照り返しがキラキラと眩《まぶ》しい。未知の惑星に着陸した宇宙飛行士のような気分で、雪道をザクザク進んでいった。

木々はすっかり葉を落とし、枝からは氷柱《つらら》が垂れている。樹種を見ると、ミズナラやミズキなどの広葉樹だけでなく、カラマツなどの針葉樹も多い。広葉樹があるから夏には虫も多いだろうし、マツの木があるので種子もある。昆虫食の鳥も、種子食の鳥も、暮らしていくのに十分な環境だろう。

ひんやりと乾いた空気の中、鳥たちの声はいきいきと響いていた。鳴き声に誘われるように足を運ぶと、いつしか僕は鳥たちの群れの中にいた。

シジュウカラ、コガラ、ヤマガラ、ヒガラ、ゴジュウカラといった〝カラ類〟と呼ばれる小鳥を中心に、コゲラやアカゲラ、アオゲラといったキツツキ類まで加わって、大きな群れをなしている。〝混群《こんぐん》〟と呼ばれる集団である。

鳥たちは木の幹をつついたり、小枝にぶら下がったりしながら、必死に食べ物を探している。何をついばんでいるのか気になるが、小さすぎて双眼鏡でもよく見えない。越冬している昆虫でも見つけ出しているのだろうか。雪山の食糧事情は想像以上に厳しそうだ。

観察を続けると、群れは徐々に森の奥へと移動していった。僕もかれらの向かう方へと少しずつ足を進める。

すると、三十メートルほど前方から、「ディーディーディー……」と甘えたような声が聞こえてきた。コガラである。激しく、繰り返し鳴いている。「なんだろう？」と疑問に思っていると、シジュウカラやヤマガラたちがコガラの方へと急いで飛んでいくのが目に入った。僕も「ディーディー」の方へと急いだ。

驚いた。そこにはなんとヒマワリの種がまかれていたのだ。おそらくどこかのバードウォッチャーが鳥たちにやったのだろう。コガラはそれを見つけて鳴いていた。

その声に誘われるように、数分のうちに、コガラ三〜四羽、シジュウカラ五〜六羽、ヤマガラ二〜三羽、ゴジュウカラ二羽が集まって、みんなで一緒にヒマワリの種をついばみ始めた。

「混群の仲間を呼ぶために鳴いていたんだ！」と僕は思った。

しかし、よくよく考えると、これはたいへん奇妙な事態だ。餌の少ないこの季節、ヒマワリの種なんて、鳥たちにとっては特別なご馳走《ちそう》だろう。バードウォッチャーもそんなに頻繁には来ないだろうし、次いつヒマワリにありつけるかもわからない。それにもかかわらず、自分の取り分を減らしてまで他の鳥に教えるなんてこと、本当にするだろうか？

僕は不思議に思い、散らばったヒマワリの種を一粒残らず回収した。別の場所にまき直して、今度は一部始終をしっかり観察しようと考えたのだ。

数分歩くと、ちょうどいい切り株があった。そこにヒマワリの種をまき、鳥たちが来るのをじっと待った。

歩いている時とは違って、足の裏から体温が奪われる。足踏みしながら一時間くらい待っただろうか。ようやく群れが近くまでやってきて、その中の一羽の鳥がヒマワリの種を発見した。

そして、「ヂヂヂヂ……」と鳴き出した。シジュウカラである。

すると、今度はコガラやヤマガラが集まってきて、ヒマワリを発見した。他の鳥たちが餌場に来ると、シジュウカラは鳴くのをやめ、ヒマワリの種を一粒取って、枝の上でつつき始めた。シジュウカラの「ヂヂヂヂ……」も、仲間を呼ぶために鳴いているように見える。

夢中になって観察を続けていると、今度は「ヒヒヒ」と鋭い声が響いた！　その直後、なんと、ヒマワリの種を食べていた鳥たちが一斉に茂みの中へと飛び去ったのだ！

「!?」と思ったその瞬間、今度は何かがすごいスピードで餌場をかすめていった。

――ハイタカだ。鋭い嘴《くちばし》と爪を持ち、小鳥たちを食べる猛禽《もうきん》である。小鳥たちはすでに茂みに逃げていたので、命を落とすことはなかった。

「ヒヒヒ」と鳴いたのはシジュウカラ。この声がきっかけとなって、コガラもヤマガラもハイタカの攻撃を避けることができたのだ！

「鳥たちは、餌の場所も天敵の来襲も、鳴き声で伝え合っているのかもしれない！」

僕はものすごい世界に気づいてしまったようである。

それから僕は、カラ類の行動を追跡し、どんな状況でどういう鳴き声を出すのかに注目して、観察を続けることにした。

一週間の滞在を終えると、フィールドノートは書き込んだメモでびっしりと埋め尽くされていた。八十ページもあるノートを丸々二冊、使い果たしていたのである。

すぐに気づいたのは、カラ類の鳴き声のバリエーションが驚くほどに多いことだ。特に、シジュウカラのレパートリーは群を抜いて多そうだ。「ヂヂヂヂ」「ヒヒヒ」「ツピー」「ヒッヒッ」「チッチッ」など、実に多種多彩。

その時はレコーダーも持っていないし、鳴き声もカタカナで表現するよりなかったが、ひょっとしたら鳥たちの鳴き声にはいろいろな意味があるのかもしれないと思うようになっていた。そんな世界を解き明かすことができたら、どんなに素晴らしいだろう！

僕は、軽井沢でカラ類の鳴き声の意味について研究しようと決意した。

これが、僕の鳥語研究の始まりだった。

小鳥が餌場で鳴く理由

僕が初めて研究したのは、小鳥が餌場で鳴く声だった。シジュウカラなら「ヂヂヂヂ」、コガラなら「ディーディー」。誰かがまいたヒマワリの種やピーナッツ、たくさん実った木の実など、まとまった餌を見つけると、激しく繰り返し鳴くのである。「餌場に仲間を呼ぶために鳴いているのでは？」と、見当はつけていたものの、本当のところはどうなのだろうか。

これに気づいたのは冬である。冬といえば、小鳥にとっては食べ物の枯渇する厳しい季節。カラ類の大好きなイモムシは姿を消し、草の種や木の実は争奪戦だ。そんな時、ヒマワリの種を見つけたら、棚からボタモチどころじゃないだろう。宝くじが当たったようなものである。他の鳥に食べられぬうちに、独り占めする方がよさそうなのに、あえてみんなを呼ぶなんてこと、本当にするのだろうか？

リチャード・ドーキンス（Richard Dawkins）博士の著した『利己的な遺伝子』にもあるように、生き物というのは原則として、自身の利益を最大化するように行動すると考えられている。自分の得になるように利己的にふるまう個体の方が、自分を犠牲にして他者を助ける利他的な個体よりも、よりたくさんの子を残すだろう。そうすると必然的に、利己的な性質（遺伝子）を持つ個体の方が、長い進化の歴史の中で多数派になるという考えだ。

餌を見つけて鳴くというのは、利己的な遺伝子の考え方と矛盾しているようにも思える。考えれば考えるほど摩訶不思議《まかふしぎ》なこの事態。これは調べてみるしかない。

そういうわけで、大学四年の十月下旬、僕は軽井沢の森に戻ってきた。ちょうど鳥たちが混群を作り始める季節である。

今回の研究は、〝卒業研究〟のテーマを兼ねていた。卒業研究とは、大学四年時に何か一つのテーマに取り組み、論文にまとめて提出する課題である。大学四年の秋にもなると、講義や実習はほとんどないので、僕は全精神をこの研究に向けていた。

卒業論文の提出は二月上旬。データを集められるのは一月末までといったところだ。

初めての研究なので、何が起こるかわからない。とにかくできるだけ長く森に通えた方がよいだろうと考えて、三か月一人で軽井沢に滞在することにした。

「リゾート地の軽井沢に三か月って、一体いくらかかるんだ？」なんて思われるかもしれないが、心配ご無用。実は当時、一泊五百円で泊まれる大学の山荘があったのだ。一泊五百円なので一か月一万五千円。三か月いても四万五千円と、破格中の破格である。築五十余年の木造平屋。風呂なし、シャワーなし、インターネットももちろんなし。野ネズミたちが自由に出入りする隙間だらけの山荘が、僕の生活の拠点になった。

さて、まずは前回の観察が正しかったか確かめなくてはならない。森の中の適当な切り株に、ヒマワリの種を入れた餌皿を置いてみる。今回はマイクやレコーダーも持ってきた。切り株から三メートルほど離れた位置にセットして、そこからさらに七〜八メートル離れた場所から観察することにした。餌皿から僕までは十メートル。この距離であれば警戒されまい。

しばらくすると、混群が近づいてきた。八か月ぶりの再会である。「果たして餌皿に気づくだろうか？」と観察を続けていると、一羽の小鳥が餌皿に向かって飛んでき

ディーディー
コガラはみんなが来てから降りる

た。

コガラである。ヒマワリの種に気づくやいなや、餌皿の方を見ながら「ディーディーディー」と鳴き出した。そして、一〜二分鳴き続けると、今度はコガラ二羽とシジュウカラ一羽がやってきた。すると、第一発見者のコガラは鳴くのをやめ、ようやくヒマワリの種を一粒とった。「前に見たのと同じだ！」と瞬時にわかった。湧き上がる興奮を抑え込みつつ観察を続けると、他の鳥たちも次々に集まり、どんどんにぎやかになってきた。十分ほどするとヤマガラやゴジュウカラまでやってきて、入れ替わり立ち替わり、次々に餌皿からヒマワリの種を運んでい

く。

よくよく観察してみると、その場で種を食べる鳥もいれば、殻を割って中身を取り出し、木の幹や倒木の下に隠しているものもいる。食べきれなかった種を保存(貯食)しているのだ。

僕はコガラの鳴き声を録音しつつ、餌をとったタイミングや他の鳥たちが集まってきた順番などをできるだけ詳しく記録していった。そして、二十分ほど経《た》った頃、数十粒はあったヒマワリの種はすべてなくなり、群れもどこかへ去っていった。

やはり、混群の仲間を呼ぶために鳴いているように思える。とにかく観察数を増やしていこう。

僕は、餌皿を置く→観察する→片づける、また別の場所に行き、餌皿を置く→観察する→片づけるという単純作業をひたすら繰り返すことにした。これで、鳴き声の意味に迫れるかもしれない。

——約二か月もの間、僕はこの実験を繰り返した。すると、いくつかのパターンがみえてきた。

まずいえるのは、餌を見つけた時に出す声は、それぞれの鳥の種類で決まっているということだ。以前から観察していた通り、コガラは「ディーディー」と鳴くし、シジュウカラは「ヂヂヂヂ」と鳴く。その声が森に響くと、他の鳥たちが次々と集まってきて、みなでヒマワリの種をついばみ始める。さらに実験を繰り返すと、ヤマガラにも同じような声があることに気がついた。ヤマガラの場合は「ニーニー」と鳴き、群れを餌場に導く。

さらに興味深いことにも気がついた。鳴き声を出すのは、多くの場合、一羽で餌を発見した時なのだ。すでに餌場に他の鳥が集まっている時や、偶然他の鳥たちと同時に餌場に来た時には、こうした声はほとんど出さない。つまり、鳥たちは、まだ群れの仲間がヒマワリの種の存在に気づいていない時にだけ鳴くようなのだ。そして、他の鳥が餌皿の近くまで集まると、鳴くのをやめて、ようやくヒマワリの種をつつき始める。

やはり、仲間を集めるための鳴き声なのだろう……。

だが、まだ結論を急いではいけない。別の可能性も考えられる。たとえば、コガラの「ディーディー」やシジュウカラの「ヂヂヂヂ」は、「集まれ」という意味ではなくて、「こっちに来るな！」という意味かもしれない。見つけた餌を独り占めしようと、必死に鳴いているのかもしれないからだ。

こうした可能性を検証するにはどうしたらよいだろうか？

アイデアはすぐに浮かんだ。録音した鳴き声をスピーカーから流してやって、それを聞いた鳥たちの反応を調べてみればよいのである。

もし「集まれ」という意味であれば、鳴き声を聞いた鳥たちはスピーカーに近づいてくるだろう。一方で、「こっちに来るな！」という意味ならば、その場から離れていくかもしれないし、少なくとも、近づいてくることはないはずだ。

僕は録音した鳴き声を編集して、いくつかの音声ファイルを作った。コガラの「ディーディー」、シジュウカラの「ヂヂヂヂ」、ヤマガラの「ニーニー」など、それぞれの鳥の声を自然な頻度で繰り返した六十秒の音声ファイルだ。そして、スピーカーを森の中の適当な木に設置して、それらの音声を流してみた。

ヒマワリの種はまかずに、スピーカーから鳴き声を流すだけにした。鳴き声を聞かせる前に、鳥たちが集まってしまうのを防ぐためだ。

音声を流すとすぐに鳥たちが集まってきた。コガラの声を流した時は、コガラだけでなくシジュウカラやヤマガラまで集まってきた。シジュウカラやヤマガラの声にも、同種だけでなく他種の鳥たちまで寄ってくる。一方で、鳴き声を流さなかった実験や、混群に入らない鳥（ホオジロ）の声を聞かせた場合は、鳥たちはまったく集まってこなかった。

「やっぱり、仲間を呼ぶ声なんだ。人間の言葉でいうところの、『集まれ』という意味になっている！」と僕は思った。

あとは実験を繰り返し、統計学的な結論を導くだけである。僕は各種の音声ファイルをそれぞれ二十回ずつ流し、合計一〇〇回の実験をおこなった。

こうした実験を通して、コガラの「ディーディー」、シジュウカラの「ヂヂヂヂ」、ヤマガラの「ニーニー」は、すべて「集まれ」という意味になっていることが、やっとわかった。

当時、シジュウカラの「ヂヂヂヂ」を〝警戒の声〟として紹介している図鑑もあったが、その意味を科学的に確かめた研究は一つもなかった。それが今回、きちんと観察し、実験をしてみることで、本当は「集まれ」という意味だとわかったのだ。「ひょっとしたら世界中で僕だけがシジュウカラたちの言葉を正しく理解できているのかもしれない」と特別な気持ちになった。

それでは、そもそもどうしてカラ類は、せっかく見つけた餌を独り占めせず、親切にも仲間たちに教えてやるのだろうか？

ヒントはヒマワリの種を食べる鳥たちの〝頭の動き〟にあった。小鳥たちは種をつつく時、かなり頻繁に空を見上げる。種をツンツンし、頭を上げて、またツンツンしたらすぐに空を確認するといった具合だ。実はこの動き、タカなどの天敵を警戒しているのだと考えられている。木々が葉を落とす秋から冬は、天敵の猛禽類から見つかりやすい。常に空を見張らないと、いつ襲われるかわからないのだ。

いろいろな動物で、同種の他個体と群れることで、この警戒時間を減らすことができるという報告があった。混群の中のカラ類の場合はどうだろうか？　そう思い、カラ類がヒマワリの種をつつく時に何回頭を上げるのか数えてみることにした。

シジュウカラもコガラもヤマガラも、一羽でヒマワリの種をつつく時は一分あたり七十～八十回くらい空を確認することがわかった。一方、混群の仲間たちと一緒にいる時は、その回数は四十～五十回ほどまで落ちる。警戒時間が減るので、それだけヒマワリの種をつつくことができていた。どの種類においてもこの傾向はとてもよく似ていた。つまり、鳥たちは混群をなして餌を食べることで、お互いに警戒行動を分担できるようなのだ。

それに、警戒の分担だけでなく、多くの目があることで、天敵の襲来により早く気づくこともできるだろう。誰かがタカに気づきさえすれば、「ヒヒヒ！」の合図で、みんなで草木の茂みへと逃げられる。

だから、シジュウカラたちはヒマワリを見つけたら他の鳥たちに教えるのである。僕は、ようやく鳥の気持ちがわかった気がしてうれしくなった。餌場に他の鳥まで呼ぶなんて一見すると利他的に見えるが、実は自分にも利益があるのだ。『利己的な遺伝子』の考え方とも矛盾はしない。

コガラの「ディーディー」、シジュウカラの「ヂヂヂヂ」、ヤマガラの「ニーニー」。これらはすべて仲間を呼ぶための鳴き声だ。そしてこの声は、群れの中で安心して餌を食べる上でも重要な鳴き声なのだ。これが、僕が初めて特定した鳥語であった。

トリリンガル
ディー
ディー
コガラ
集まれ
ヂヂヂヂ
シジュウカラ
ニーニー
ヤマガラ
鳴き声の響きは違っていても、お互いに意味を学習していて理解できるのだ!

救いと拷問のキャベツ

——完全に判断を誤った。食品棚を目の前に、僕は呆然《ぼうぜん》と立ち尽くしていた。

卒業研究の完成に向けて軽井沢でのフィールドワークを始めてから二か月ほど経った頃、肉や野菜のみならず、レトルトや冷凍食品までもがとうとう底をついたのだ。


唯一の救いは、お米。三か月の調査のためにと、五キロの白米を三袋買っていたのだが、二か月を過ぎた時点でちょうど一袋残っていた。残りの一か月、僕はこのお米だけで生きていかなくてはならない。

「また買い出しに行けばいいじゃないか」と思われるかもしれないが、ここは街から遠く離れた山の中。最寄りのスーパーまでは徒歩一時間以上の雪道だ。往復するだけでも二時間以上のタイムロス。二時間あれば二～三回は実験ができる。おかずのために、下山している余裕など一切ないのである。
まあ、日本人だしお米さえあれば余裕だろうと呑気に構えていたのだが、甘かった。白米生活一日目の夜、早くも飽きたのだ。お米はもちろんおいしいのだが、おかずが欲しい。おかずとまではいかなくとも、せめて梅干しや昆布はないだろうか。再度確認するものの、食品棚も冷蔵庫もすっからかんで何もない。

僕はこの苦境を乗り越えるため、三つのメニューを考案した。

メニューその1・ノーマルごはん

何もつけずにそのままいただく普通のごはん。白米の本来の味を噛《か》み締めることができる日本の伝統的な食べ方。

メニューその2・お湯ごはん

ポットで沸かしたお湯をかけていただくごはん。ノーマルごはんよりも甘みを感じることができるし、寒い日の朝はこれに限る。

メニューその3・水ごはん

水道水をかけていただくごはん。噛まずにサーッと飲みほすことができるので、忙しい人にはオススメである。お湯ごはんに比べて甘味はあまり感じない。ごはんは飲み物。

メニューというにはあまりにもシンプルなレシピだ。しかし、当時の僕は自分を天才だと思った。これを繰り返せば一か月を乗り切れる気がしていたのだ。これが、僕が生きるための三大ごはんレシピ誕生の瞬間であった。

――白米生活を始めて二週間ほど経ったある日、めずらしく森の中で人間を見つけた。近づいてみると、知り合いだった。

「あ、ヤナギハラさん！」

「お、スズキくん、まだいたの〜？」

ヤナギハラさんは軽井沢の森でネイチャーガイドをしているお姉さん。当時、冬は雪が深くてあまりツアーはなかったが、たまに森でバッタリ遭遇することがあった。

ちょうどカモシカと同じくらいの頻度※で遭遇する人であった。

「実はまだデータ取り終えてなくて。あと二週間くらいは続ける予定なんですよ」と、先の質問に答えると、ヤナギハラさんは「そうなんだ〜」とにこやかに返してくれたが、すぐにけげんな表情になり、僕の顔をじっと見た。

「っていうか、あれ、やせた⁉」

やせた？　そうなのだろうか？　そういえば、宿には体重計がないためしばらく気にしていなかった。よく考えたらここのところ、ろくに鏡も見ていない。そしてもっとよく考えたらなんだか身軽になった気もする。

「え、本当ですか？」と返すと、「うんうん、ここまで細くなかったよ。ちゃんと食べてるの？」とヤナギハラさんは何やら心配そうな目を向けてきた。

僕としては一日三食ちゃんと食べていたし、大きな問題は感じていなかった。メニューはすべて白米であったが、冬場は鳥たちも種子ばかり食べているので、同じことである。これは安心させなくてはと思い、「毎日コメを食べてますよ！　今日のお昼は水ごはん」とオススメの白米のアレンジ法を自信満々に教えてあげるなどした。

※【カモシカと同じくらいの頻度】
長野県軽井沢町の森における僕とカモシカの遭遇頻度は三週間に一回程度。

ヤナギハラさんの目がより険しいものになった気もしたが、「ツピッ」とシジュウカラの声がしたので、僕は鳥の観察に戻った。

——ピンポーン。

その夜、泊まっていた山荘のインターホンが鳴った。調査を始めて以来、この山荘にはイノシシやツキノワグマなどいろんな動物が遊びに来たが、人間が来たのはこれが初めてだ。誰だろうと思い、ドアを開けると、何とヤナギハラさんだった。

「ヤナギハラさん！　どうかしました？」と尋ねると、「これ、差し入れです。調査がんばってね！」と白いビニール袋を手渡してくれた。

中にはひと玉のキャベツ。とても立派なキャベツである。ヤナギハラさんは僕のことを心配し、仕事帰りにわざわざキャベツを買ってきてくれたのだ。なんて優しい人なんだろう。

僕は、「ありがとうございます！　大切にします」と深々と頭を下げ、ヤナギハラさんを見送った。そして、大事に抱えたキャベツをそっとテーブルに置いて、しばし眺めることにした。

報酬にすると決めた僕

新鮮なキャベツである。いかにもバリッと音が鳴りそうだ。こうしてじっと眺めていると、生産者さんの顔が浮かんでくる。きっとキャベツのように優しい笑顔の人だろう。ありがとう、ヤナギハラさん。ありがとう、キャベツの生産者さん。そして、こう思った。

「このキャベツ、調査が終わった時のご馳走にしよう」

動物は何か報酬がある方が、がんばれるものである。このことは百年以上の歴史を誇る動物心理学でも自明の事実だ。僕にとっての報酬はこのキャベツ。すべてのデータを取り終えてから、ご褒美として食べるのだ。

そう考えて、残りの日々はキャベツのためにデータ収集に精を出した。キャベツのために鳴き声を録音し、時には鳥たちに聞かせてみる。鳥たちの頭を動かす回数までしっかりと記録しながら調査の日々を過ごしていった。

そして、白米生活も四週間が過ぎた頃、僕はついにすべてのデータを取り終えた。初めてのフィールドワークは無事、終了したのである！　なんという達成感。ワクワクするような発見と共に、ようやく大学に戻ることができる。

三か月お世話になった山荘をきれいに掃除し、帰りの荷物をまとめ、いそいそとキッチンへと向かった。いよいよ、キャベツの調理が始まる。

まず、キャベツを二つに切り分ける。さすがキャベツ。二週間経っても鮮度はバッチリ維持されている。包丁をズシっと入れるとザクっと割れた。

半分はキャベツ炒《いた》めにすることにした。調味料は底をついていたが、幸いサラダ油は残っていた。最後の一滴までフライパンに広げ、強火で一気に炒めると、ラーメンどんぶり山盛り二杯分のキャベツ炒めが完成した。実においしそうである。今すぐにでも食べたいが、ここは我慢。次の料理を作らねば。

残りの半分は千切りにすることにした。キャベツといえば千切り、千切りといえばキャベツである。ドレッシングは在庫切れだが、そのままいただくのが一番うまいに決まっている。トントントントントンと千切りにすると、なんとどんぶり二杯分になった。テーブルに並べてみる。なんて豪華な食事だろう。まるで王様のご馳走だ。どんぶり二杯のキャベツ炒めにどんぶり二杯のキャベツの千切り。ヤナギハラさんやキャベツの生産者さん、そしてキャベツ自体に感謝し、三か月のフィールドワークを振り返りながら、僕はいただきますと手を合わせた。

まずはキャベツ炒めをいただく。

うまい！　なんておいしいキャベツなんだ！　キャベツの甘みが口の中にぶわっと広がり、ほぼ白米でできていた僕の体に、キャベツが染み渡っていくのがわかる。僕は一杯目のキャベツ炒めをペロリと平らげた。

次は千切りである。シャキシャキシャキとした心地よい食感。噛めば噛むほどに増す甘味。

なんて贅沢《ぜいたく》な時間だろう。一杯目の千切りもなんなく平らげた。

目の前にはまだキャベツ炒めと千切りキャベツがどんぶり一杯ずつ並んでいる。幸せな時間もあと半分。僕としてはキャベツ炒めの方が好みだったため、今度は千切り→キャベツ炒めの順番に食べることにした。好きなものは最後に残すタイプである。

二杯目の千切りを口に運ぶと、僕の体が異変を感じた。

口内がおかしい。一杯目はあんなに甘くおいしかったキャベツの千切りが、なんだか生臭いのだ。いやそんなことあるわけが、と思い、「これは、ご褒美」と言い聞かせ、もう一度口に運ぶ。しかし、独特の臭みはどんどん増していく。

二杯目の千切りを半分くらい食べた時、ついに箸が止まった。ダメだ。体がキャベツを拒否している。

しかし、ここで屈するわけにはいかない。キャベツを捨てるなんてことできるわけがないではないか。これは報酬。三か月フィールドワークをがんばった自分へのご褒美なのだ。

思い返すとクリスマスも正月もずっと鳥を追いかけていた。年末年始だって実家に戻っていない。ご褒美のキャベツは、一切れ残らず食べ切るのがもはや筋ってもんだろう！

作戦を変更し、千切りとキャベツ炒めを交互に口に運んでいくことにした。そうすれば千切りの臭いを若干和らげることができるのでは、と考えたのだ。

しかし、キャベツをキャベツで中和するなどできるはずもなく、それどころか、千切りとあいまって、キャベツ炒めまでなんとも言えない独特の味に変わっていった。

しかし、もう止めることはできない。「これはご褒美、これは報酬……」と繰り返し自分に言い聞かせ、無理やり口に詰め込んでいく。苦しい。正直に言って、苦しい。三か月の調査でもつらさなどまったく感じなかったのに、ここにきて、まさかキャベツで苦戦するとは思いもよらなかった。「こんなことなら白米レシピに〝キャベツごはん〟を追加しておくべきだった」と悔やんだが、もう後の祭りである。

——二時間ほど格闘しただろうか。帰りのバスに間に合うか否かのギリギリのタイミングで、僕はようやく一玉のキャベツを胃袋に詰め込みきった。荷物を背負ってバス停に急ぐ。

バス停までの道のりが異常なほどに長く感じる。急がなければと脚を振り上げれば、それと一緒に込み上げてくる山盛りキャベツ。クラクラしながらもなんとか高速バスに乗り込んだ。

キャベツはおいしい。だが、ひと玉一気に食べるものではない。揺れるバスの中、込み上げるキャベツとの最終ラウンドを強いられたことはいうまでもない。

こうして僕の初めてのフィールドワークは、無事（？）、幕を閉じたのだった。

私が 作りました

ヒロシ先生の思い出

僕の通っていた大学には長谷川《はせがわ》先生が二人いた。しかも、二人とも動物生態学を教えていたし、研究室もお隣同士だったので、教員も学生もみんな、下の名前で呼んでいた。一人はマサミ先生（長谷川雅美先生）で、僕の指導教員だ。両生・爬虫《はちゅう》類が専門で面倒見がよく、学生から人気であった。そして、もう一人はヒロシ先生（長谷川博先生）。僕が最も尊敬する鳥類学者だ。

ヒロシ先生は、何十年も〝鳥島〟という無人島に通い続け、アホウドリを絶滅の危機から救ったすごい人。毎年数か月、無人島でアホウドリの保全活動をしているので、大学にいない期間も長かった。

当時、ヒロシ先生は動物行動学を取り入れた研究手法でアホウドリを守っていた。たとえば、島内にアホウドリの模型（デコイ）を設置し、スピーカーから鳴き声を流す。すると、アホウドリたちは仲間がいると勘違いしてその場所にやってきて、繁殖を始めるのだ。この方法で、アホウドリを呼び集めるだけでなく、集団営巣地《えいそう》を島内のより適した場所へと誘導することにも成功していた。

また、鳥島が火山島であることを考慮し、別の島（聟島《むこじま》）に新たな繁殖地を創設する計画も進めていた。鳥島からヒナを運んだり、聟島にデコイや偽卵を置いたりして新たな集団営巣地を作るのである。ヒロシ先生の研究は、大学外の研究所（山階《やましな》鳥類研究所）とも共同でおこなう大きなプロジェクトへと発展を遂げていた。

もちろん僕はヒロシ先生の講義や実習はすべて履修していたが、その限られた時間の中では親しく話をする機会に恵まれなかった。ヒロシ先生は学生を下の名前で呼んでくれる優しい人だとわかっていたが、僕にとっては雲の上の存在。気軽に話しかけられるわけではなかった。

そんなヒロシ先生との距離が縮まったのは、大学四年生の冬。ちょうど僕が初めてのフィールドワークから帰ってきた頃である。三か月の山ごもりから帰り、ガリガリにやせた僕を見て、ヒロシ先生は「トシタカ・ヤセタカ、トシタカ・ヤセタカ」とダジャレを飛ばしてきた。僕にとってはそれがうれしかったし、ヒロシ先生も笑顔であった。

そして大学四年の二月に開催された、卒業研究の発表会。ヒロシ先生は誰よりも真剣に僕のポスターを見てくれた。僕も、軽井沢の森で見つけたシジュウカラやコガラの鳴き声について、一生懸命に説明した。ヒロシ先生は動物行動学に詳しかったし、野鳥であれば何でも好きな人だったので、気が合ったのだ。

ヒロシ先生はそれ以来、夕方の四時になると、ほぼ毎日決まって学生部屋にやってきた。「トシタカ、ビールだ！」と教授室に誘ってくれるようになっていたのだ。「今、データをまとめていて」などと言うと、「データはいいから、こっちに来い。ビールだ、ビール！　命の水だ！」と返される。

半ば強引な誘いであったが、内心うれしかった。人生をかけて何かを成し遂げるヒロシ先生を心の底からかっこいいと感じていたのだ。

本当に毎日のように誘われるので、僕は四時にはデスクワークが終わるよう、心がけるようになっていた。この習慣のおかげで、卒業論文の執筆で夜型に傾いていた生活リズムは次第に朝型へと改善され、野外調査で八キロも落ちた体重はいつしか元に戻っていた。まさに〝命の水〟である。

命の水をいただきながら、いろいろな話をした。野鳥のこと、研究のこと。それに、世界の動物行動学の動向についても熱く語らうことができたのは、ヒロシ先生以外にいなかった。

ある日は、こんな話をした。

「ジョン・クレブス（John Krebs）は天才だ。鳥に何をしたらどう動くかわかった上で実験している。ああいう人になれたら強い」

ほろ酔いになりながらも真剣にそういった話を振ってくれるので、僕は毎日興奮していた。クレブス博士といえば、僕の中では有名人で、ヨーロッパシジュウカラを研究していた鳥類学者である。ヨーロッパシジュウカラのさえずりのレパートリーが多ければ多いほど、縄張りを維持する効果が高いことを実験的に示した論文は、科学誌の最高峰であるネイチャー誌に掲載されている。

僕自身、クレブス博士の論文や本を夢中でいくつも読んでいて、「この人、すごい鳥のことわかってる！」と感心していたのだが、まさかヒロシ先生も同じように感じていたとは驚きだった。本当に気が合ったのだ。


また別の日は、こんなことも話してくれた。

「たまに逆の発想をしてみることも大切だ。みんなが当たり前だと思っていることも、間違っている場合がある」

ヒロシ先生から聞くととても説得力のある言葉であった。

実際に、ヒロシ先生の研究者人生は当たり前を疑うところから始まったのかもしれない。ヒロシ先生が子どもの頃、日本は高度経済成長期。モクモクの煙の工業地帯の写真が教科書に掲載され、学校の先生からは「戦後、日本は素晴らしい発展を遂げているのだ」と教えられていたらしい。そんな中、遠い離島のアホウドリを一生かけて守ろうだなんて、ある意味逆の発想である。今でこそ、生物多様性を守ることの重要性は世界に広く知られているが、時代の先駆者はやはり発想が違うのだ。

僕からもいろいろな話題を投げかけた。「動物に感情はあるだろうか？」「研究の価値って誰がどう決めるのか？」など、簡単には答えが出ない問いにも、命の水を片手に真正面から議論してくださった。ヒロシ先生のおかげで、僕はずいぶん賢くなったと思う。

もっとも印象に残っているのは「ヒロシ先生はどうしてそんなに一生懸命にアホウドリを守れるんですか？」という素朴な問いへの返答だ。

「だって、かわいそうじゃない」

ヒロシ先生はサラッとそう答えたが、僕は思わず目頭が熱くなった。その一言に、先生のすべての想《おも》いが凝縮されていたからだ。普段は非常に論理的だが、研究の動機は鳥に対する愛なのだ。そうでなくては毎年一人で無人島に通えまい。

アホウドリは羽毛目的で人間に乱獲され、絶滅の危機に瀕《ひん》した鳥だ。次々と仲間が棍棒《こんぼう》で殴り殺されても、逃げることがなかったため、「アホ」と名付けられたのである。アホウドリの棲《す》む鳥島には天敵がいなかったので、逃げる本能が備わっていなかっただけなのだ。それなのに「アホ」とは本当にひどい話だ。

ヒロシ先生はよく「アホだなんて失礼すぎる。改名すべきだ」と憤慨していた。先生の提案する名はオキノタユウ（沖の太夫）。〝沖に棲む美しく立派な鳥〟という意味だ。僕はこの改名案に百万票入れたい。

巣箱をかけた話

軽井沢でカラ類の研究をしようと決めた時から、どうしても試してみたいことがあった。森にシジュウカラ用の巣箱をかけることだ。秋から冬にかけての混群もよいが、春から夏にかけての子育てもこの目で観察してみたい。

シジュウカラは主に木にできた空洞（樹洞《じゅどう》）に巣を作って繁殖する。自分自身で穴を掘ることはできないが、幹の一部が朽ちてできた樹洞や昔キツツキ類が空けた巣穴を利用し、その中にコケを敷き詰めて巣を作るのだ。とはいえ、いい大きさのきれいな樹洞は限られていて、いつも鳥たちによる争奪戦。森にたくさん巣箱をかければ、きっと喜んで使ってくれるに違いない。それに、巣箱であれば中を観察するのも簡単だ。小型カメラを仕掛けることもできるだろう。シジュウカラにとっても僕にとってもよいことずくめなのである。

そうは言っても現実はそんなに甘くない。僕の前には一つの大きな問題が立ちはだかっていた。お金がないのだ。巣箱を作るにしても、その木材や工具を買わなくてはならないし、森に巣箱を仕掛けるには国有林の使用料を納める必要がある。軽井沢までの往復代や現地での宿泊費も（山荘は安いにしても）バカにならない。

とにかくお金が必要だ。僕は資金集めから始めることにした。大学生なので獲得できる助成金などはなく、バイトでコツコツ貯《た》めるしかない。

それでは何のバイトをしよう。以前、焼肉屋の深夜バイトをしたことがあったが、一か月も続かなかった。肉を焼きながら寝てしまうおじさん。毎晩二時に必ずやってくるクレーマー。人間相手の接客業は向いていない性分なのだということだけが浮き彫りになった経験だった。何か動物相手のバイトはないだろうか。

頭を悩ませていたある日、よさそうなバイトをみつけた。バッタを捕まえるバイトである。僕は昆虫採集が大の得意。バッタの採集は幼稚園児の頃からやっている。「このバイトなら続けられる！」と僕は膝をポンと叩《たた》いて応募した。

バッタ捕りといっても佃煮《つくだに》作りでもなければ害虫駆除でもない。環境調査のバイトである。ある草地にどれくらいの種類のバッタがいるのか調べ、草原の生態系の保全に役立てようというものだ。

巣箱のためだけでなく、生態系のため、そしてバッタのためにバッタを捕まえ、リリースする日々。本当にいろいろなバッタを捕まえた。クルマバッタにクルマバッタモドキ。ショウリョウバッタにショウリョウバッタモドキ。なぜかバッタには〝モドキ〟と付く紛《まが》い物扱いされた名前のものがたくさんいる。もし○○バッタモドキが○○バッタよりも先に発見されていたら、名前は逆になっただろうが、そんな偶然で紛い物呼ばわりされてしまうとは……。もし僕がバッタモドキであったなら、とてもやるせない気持ちになる。

脱線するが、昆虫の中にはよくわからないモドキもいる。ナナフシモドキだ。ナナフシモドキはいるのに、なんと、ナナフシという昆虫は存在しない。あの枝そっくりに擬態していて、みんながナナフシと呼んでいる昆虫は、実はナナフシモドキなのである。モドキはいるのにナナフシはいない。これぞナナフシの七不思議の一つといったところだろう。

三か月のバッタ採集でようやく資金は集まった。子どもの頃は、自分の虫捕りスキルがお金につながるなんて想像すらしていなかった。人生において無駄なことなど一つもないのである。

集めた資金で巣箱の材料を購入したのは翌年の三月上旬のことだった。冬は卒業研究で忙しくしていたのでちょっと作成が遅れたが、軽井沢は気温が低く、春の訪れも遅いので問題はない。

巣箱を作るのは初めてだったが、いろいろな文献を読みながら、シジュウカラにとって住み心地のよさそうな巣箱をデザインした。シジュウカラは一回の繁殖で七〜十羽ほどのヒナを育てるらしい。ヒナたちが十分に入れるように、巣箱の底面は一辺十二センチの正方形、高さは巣材の量を考慮して二十五センチとした。巣の入り口の大きさは、大きすぎると他の鳥が入ってしまうので、シジュウカラが入れるギリギリのサイズといわれる直径二十八ミリ。ついでに底板にも一センチほどの穴を開けた。中に雨水がたまらないようにするための工夫である。蓋は蝶番《ちょうつがい》で開閉式とした。簡単に巣箱の中をチェックできるし、掃除するにも便利である。

三月中旬、僕は四十個の巣箱と共に軽井沢の森にやってきた。いよいよ設置である。森のどこにかけるのかも重要なポイントだ。

シジュウカラは雑食性。草木の種子や果実だけでなく、昆虫やクモ類もよく食べる。繁殖期に大切になるのは昆虫類。なかでもチョウやガの幼虫は栄養満点で、ヒナを育てる餌になる。ある本によると、シジュウカラの親鳥が一回の繁殖でヒナたちに与える幼虫の数はおよそ五千匹。ものすごい数だ。

チョウやガの幼虫は広葉樹の葉を食べるものがほとんどなので、巣箱をかけるには広葉樹の多い場所がいいだろう。ミズナラやクリ、ハルニレといった広葉樹の優占するエリアを選び、国有林の使用料を納めた。

もう一つ、気にしなくてはいけないのがシジュウカラの縄張りの大きさだ。文献によると、シジュウカラは繁殖期、巣を中心に直径百〜百五十メートルくらいの縄張りを張るとある。そう考えると、巣箱と巣箱の間隔は百メートルおきとするのが入居率を最大にする解である。

とはいえ、ここは鳥の楽園、軽井沢。調査地にはヤマガラやヒガラなど、巣箱を利用するライバルたちが他にもたくさん棲んでいる。密度は少し高めの方がよいだろうと考えて、五十メートルおきとした。

適当な樹木を見つけ、巣箱をシュロ縄でしっかり幹に固定する。これが何とも大変な作業で、四十個かけるのに丸三日もかかったが、無事、すべての巣箱を設置することができた。


軽井沢から引き上げる日。ある巣箱に目をやると、うれしい光景が飛び込んできた。シジュウカラが巣箱をのぞきに来ていたのである！　入り口に止まって中を見ている。まさしく内見である。「こちらの新築物件は大変オススメになっております。敷金、礼金、そして家賃もかかりません。ちょっと生活をのぞかせていただければ、他には何もいりません。さぁ、どうぞどうぞ、ご入居ください！」などと心の中で唱えつつ、調子よく帰りのバス停へと足を運んだ。

——数か月後、かけた巣箱の約半数が、バッタの仲間のカマドウマに占領されることになろうとは、この時の僕は知る由もなかった。

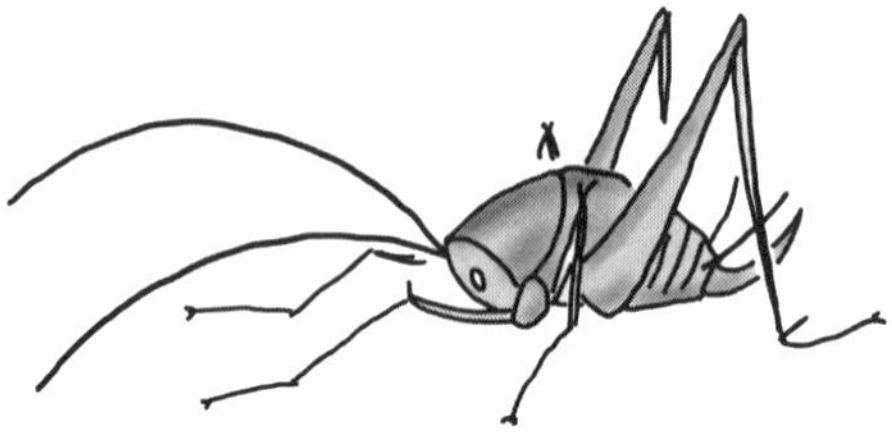

カマドウマ

バッタ目 カマドウマ科

巣箱を集団で占拠

フタを開けると
ものすごい ジャンプ力で
おそってくる!!

都会の住宅事情

「ビビビビビ！」

親友のヤマザキ君とランチに行った帰り道、どこからともなく奇妙な音が聞こえてきた。「鳥の声？　でも、どこに？」と、あたりを見回すが、それらしき姿はない。僕らは声の出所を探ろうと、足を止めて耳をすませた。

ところがここは車通りも多い街の中。なかなか位置がつかめないまま、鳴き声はすぐにやんでしまった。

しばらく待つと、また「ビビビ……」と聞こえてきた。聞き耳を立てながら音のする方に歩み寄ると、だんだんと位置がつかめてきた。どうやら、ブロック塀から音がする。そのブロック塀は劣化していて、一部に穴が空いていた。声の主は穴の中にいるようだ。

穴をのぞき込むがそこは真っ暗な闇の世界。奥は深く、なかなか目では確認できない。ブロック塀の中がこんなに深い空洞になっていたとは……。鳴き声の正体を突き止めようと一生懸命にのぞいていると、今度は頭上に「ピーッピ！」と鋭い声が響いた。

シジュウカラだ。近くの電線に止まっていた。頭の羽毛を逆立て、まさに、怒髪、天を衝《つ》く勢いだ。嘴にはイモムシをくわえている。「ひょっとして？」と思い、少し離れて観察すると、案の定、そのシジュウカラは穴の中へと入っていった。すると、「ビビビ……」とまた音がする。そうである。ブロック塀に空いた穴を利用して、シジュウカラが子育てをしていたのだ。「ビビビ」と聞こえるのは、ヒナが親鳥に餌をねだる時の声だった。

「ちょっと離れて見てみようよ」と、ヤマザキ君も興味津々。僕らはブロック塀から六、七メートルほど離れ、シジュウカラを観察することにした。

十分ほどすると、また虫をくわえた親鳥がやってきた。今度はオスとメスの二羽で来た。面白い。遠くから出入りを見るだけでもまったく飽きない。だが、中の様子もぜひとも見たい。何か方法はないだろうか。

――人生を改めて振り返ってみると、僕は子どもの頃からさまざまな穴をのぞいてきた。地面の穴、砂浜の穴、切り株にできた穴。穴の中にはいつも新しい世界が広がっていた。普段は見えないアリのコロニー、夜行性のカニのねぐら、迷路のように走るカミキリムシの幼虫の食い跡。

こうした世界を知るために、僕は穴を壊してきた。今では、かわいそうなことをしてしまったと反省しているが、当時は好奇心を抑えることができなかったのだ。しかし、今はもう大人。動物たちの暮らしを邪魔するわけにはいかない。それに、よく見るところはスーパーの駐車場。ブロック塀を壊したりしたら、今度は店員さんが怒髪天だ。

仕方ない。ここは我慢しよう。僕たちはブロック塀に「がんばれよ！」と声をかけ、その場を後にした。

シジュウカラはもともと森だけに棲んでいた野鳥である。それが、一九七〇年頃から急速に都市に進出し、今では街中でも普通に見られる野鳥となった。シジュウカラが街に進出できたのは、巣作りに使える穴の空いた人工物がたくさんあったからかもしれない。

ブロック塀以外にはどんなところに巣を作っているのだろう？　僕は、シジュウカラの巣が気になって気になって仕方なくなった。

そこで、五月から始まる森での調査の肩慣らしとして、大学周辺の街中でシジュウカラの巣を探してみることにした。都会に住むシジュウカラたちの住宅事情の調査である。

ちなみに調査地の軽井沢では、大学のある千葉と比べてシジュウカラの繁殖は一か月ほど遅れる。これは単純に標高が高く、気温が低いので、春の訪れが遅いためだ。

僕は街中の穴という穴を片っ端からのぞいていった。しかし、すぐに断念した。そのやり方は無謀であると気がついたからだ。街は穴であふれている。すべての穴をのぞくなんて一生かかっても無理かもしれない。

——そして考えた。穴を探してシジュウカラが入っているか確認するより、シジュウカラを見つけて穴に入るところを確認した方がよっぽど賢いのではないだろうかと……。

シジュウカラを追いかける作戦は、見事、大成功。僕は持ち前のバードウォッチング能力を発揮し、次々とシジュウカラの巣を見つけ出していった。

まず見つけたのは、ひっくり返った植木鉢。水抜き穴を入り口にして、せっせとヒナに餌を運ぶ親鳥の姿が確認できた。ただ、植木鉢があるのは人家の庭。さすがに無断で入るわけにはいかない。五月になればきっと長野の森で巣箱の中をたくさん観察できるはず。ここは我慢、我慢である。

次に見つけたのは電柱横の黄色いプラスチック製の筒の中。調べてみると支線ガードというらしい。上のキャップが取れていて、そこから中に親鳥がイモムシを運んでいた。支線ガードはかなり長くて、背伸びをしてものぞけない。鏡を使って映してみるが、中はやはり真っ暗だ。仕方ない、次に行こう。

その次に見つけたのは信号機の横に伸びた金属の筒。親鳥が近くに来ると「ビビビ……」とヒナの声がする。こちらはさすがに高すぎて登らないとのぞけないが、それはちょっと目立ちすぎる。信号を見て人が登っていたら、ドライバーさんは驚愕《きょうがく》するに違いないし、アクセルとブレーキを踏み間違えてもおかしくない。安全第一。ここも我慢するしかない。

その後も、人家の変圧器や郵便ポストなど、いろいろな場所に巣を見つけた。慣れてくるとコツがつかめて、だんだん上達していくのが自分でもわかった。しかし、どれも簡単にはのぞくことのできない場所ばかり……。

巣探しも玄人《くろうと》級になりつつあったある日、面白い場所を巣にしているシジュウカラを見つけた。それはなんと、笠《かさ》をかぶって一足立ちしたタヌキの置物の中だった。

蕎麦屋《そばや》の入り口に置いてあった信楽焼《しがらきやき》のそれには、裏側に五センチほどの穴が空いていて、親鳥がイモムシをくわえて出入りしていた。

「これならば、のぞける……!!　お店のタヌキの置物であれば、のぞいても問題ないはずだ。店の前にはメニューがあるし、それを見るのと同じことだ」と僕は思った。

僕は親鳥のいないタイミングを見計らい、タヌキの体内をのぞいてみた。すると、まるまるとしたヒナたちがギュッと身を寄せ合ってこちらを見ていた。かわいい！

まるで鎌倉の大仏の中に住んでいるような気分だろうか。タヌキの体内は広々としていてなかなか快適そうである。


「あの〜、何をしてるんですか？」

タヌキの置物を夢中でのぞいていると、背後から声がかかった。振り向くと、蕎麦屋のおばさんであった。なにやら不審そうな表情をしている。マズい。

こういう場合、きちんと説明するのがマニュアル通りの対応だ。下手に誤魔化したりするとますます怪しまれるだろう。僕はタヌキの穴を指差して、「ここに鳥が巣を作っていて」などと説明した。するとおばさんは「へぇ〜、こんな所に！」と感心した様子。毎日前を通っていたのに、まったく気づいていなかったようだ。ついでにタヌキの中をのぞいてもらい、『あれがヒナです。シジュウカラという鳥です」と教えると、おばさんの表情はみるみるうちに和やかなものになり、終《しま》いには「ありがとう！」と礼まで言われた。

僕はそのまま蕎麦屋に入り、席についた。これでおばさんは僕のことを〝蕎麦屋に入ろうとして偶然、巣を見つけた〟くらいに思っているはずである。まさか、〝巣を見つけたついでの蕎麦〟だなんて思わないだろう。これならまったく不審者ではないし、むしろ親切な客である。僕はほっと胸をなで下ろし、たぬき蕎麦を注文した。

そんな僕も、今ではシジュウカラの巣探しの名人。シジュウカラのちょっとした視線やしぐさを見るだけで、「あそこに巣があるな！」と瞬時にわかるようになった。しかし、名人になろうとも、街中で巣をのぞくには細心の注意が必要だ。やっぱり、落ち着いて研究するには誰もいない森の中が一番なのだ。

繁殖の観察

二〇〇六年五月上旬。大学院の修士課程に進んだ僕は、ワクワクしながら軽井沢に戻ってきた。待ちに待った繁殖期の調査が始まる。シジュウカラはどんな会話をしているのだろう？　そして、三月にかけた四十個の巣箱は使ってくれているだろうか？　僕はさっそく巣箱のチェックに森へと向かった。

標高約千メートルの軽井沢は五月といえども肌寒く、桜もようやく咲き始めたばかりであった。

そんな春先の森の中、鳥たちは盛んに歌っていた。「ホーホケキョ」と響くウグイスのさえずりに、「ヒーコーキー」と聞こえるイカルのさえずり。カラマツのてっぺんからは「チュピンチュピンチュピン」とヒガラの元気な歌声が聞こえてくる。鳥たちの美しいさえずりは縄張り宣言。餌場やメスをライバルから守るために、オスたちは高らかに鳴くのである。

地図を片手に巣箱の方に歩いていくと、今度は「ツツピーツツピーツツピー」と聞こえてきた。シジュウカラのさえずりだ。ちょうど僕が巣箱をかけた木のてっぺんで歌っている。これは期待できる！

少し離れた場所から観察すると、今度はメスがやってきた。双眼鏡でのぞいてみると、なんと嘴いっぱいにコケをくわえている。ちょうど巣作りをしている最中のようだ。メスはコケを巣箱に運び終えると、オスと一緒に遠くへ飛んでいった。

オスとメスが周りにいないのを確認してから、僕はそっと巣箱に近づき、ササッと蓋を開けてみた。鏡を使って巣箱の中を見てみると、そこに映ったのは、いっぱいに敷き詰められたふわふわのコケ。鮮やかな緑色が美しい。僕もシジュウカラになって寝転びたいくらい気持ちよさそうなベッドである。僕は、「あんなに小さな鳥がよくこんなにたくさん運ぶなぁ」と心の底から感心し、フィールドノートに「一番・コケ大量」と記入した。次の巣箱はどうだろうか。

二つ目の巣箱を開けてみると、今度はコケの上にケモノの毛が敷き詰められていた。

カモシカやイノシシの毛だろうか。グレーや黒の硬めの毛である。先ほどの巣箱より、明らかに巣作りが進んでいる。「二番・ケモノの毛」とメモを取る。

三つ目の巣箱、四つ目の巣箱はどちらも空っぽ。おそらく他の場所に巣を作ったのだろう。「三番・なし、四番・なし」。

気を取り直して五つ目の巣箱を開けると、なんと卵が産んであった！　十五ミリほどの小さな卵が九つある。白い殻にオレンジ色の斑点模様の美しい卵である。

鳥が卵を抱き始めているかどうかは、巣の中の温度で判断できると聞いたことがあった。卵に触れぬようそっと手をかざしてみると、ほんわりと温かい。抱卵《ほうらん》を始めているようだ。「五番・卵九個・抱卵」。


そして、六つ目の巣箱を開けようとした時、事件は起きた。巣箱の蓋に手をかけると、中から「シャー!!」と音が聞こえてきたのだ！

「わっ！　ヘビ!?」と、僕はとっさに手を離した。今の音はヘビの威嚇音に違いない。しかも、怒っている時に出す音だ。僕はよくヘビを捕まえるので、しょっちゅうこの音を向けられていた。

「いやいや、でもなぜ巣箱にヘビがいるのだろう?」

びっくりしている場合じゃない。確認しなくてはならない。飛びつかれないように気をつけながら、もう一度巣箱の蓋に手をかける。すると、また「シャー!!」と音がする。慎重に蓋を開け、鏡で中の様子を映してみると、驚くことにそこにいたのは一羽のシジュウカラだった。

尾羽を広げて、体を左右に揺らしながら「シャー!!」と鳴いているではないか。よく見るとシジュウカラの腹の下には卵があった。「そうか、そういうことか、シジュウカラ!!」とそこで僕は気がついた。

シジュウカラの親鳥が卵を温める間、野生動物に卵を狙われることも多いだろう。そういう危険を感じた時に、「シャー!!」とヘビの威嚇音を真似《まね》ることで、体の大きな捕食者を驚かせて撃退しているに違いない。僕もまんまと騙《だま》されたのだ！

シジュウカラが本来使うキツツキの古巣の入り口は狭く、巣箱と違って蓋を開けて中をのぞかれることもない。穴の中から聞こえてくる「シャー!!」という音がシジュウカラの声であることに気がつく捕食者は滅多にいないはずである。なんて効果的な方法なんだ！

僕は気づいたことすべてをフィールドノートに書き記した。やはり秋冬の調査とはまったく違う発見がありそうだ。

その後、四十個かけた巣箱をすべて見回るのに丸一日かかったが、計二十個の巣箱でシジュウカラの繁殖を確認することができた。

それからというもの、シジュウカラが繁殖に使った巣箱をチェックしていくのが僕の日課となった。巣箱をチェックし、少し離れて観察する。これを繰り返すだけでもいろいろなことに気がつくもので、とても楽しい。

巣作りはメスの役割。一週間ほどかけてせっせと巣材を運び入れるが、その仕上がりは個体によってだいぶ違う。まず、初めにコケを敷くのはどのメスも同じだが、その厚さは五センチほどのものから二十センチほどのものまでさまざまだ。そして、卵を産む場所にふかふかのクッションを作るのだが、その材料はカモシカの毛、イヌの毛、ふわふわのウールなど個体によって大きく違う。

巣が完成するといよいよ産卵。一回の繁殖で産むのはだいたい六〜十三個。平均すると八個程度だ。産卵の時期、メスは巣箱の中で寝て、朝が来ると卵を一個、産み落とすようである。

卵を産んでもすぐに温めるわけではない。温め始めるのは、基本的にすべての卵を産み終えてから。ちなみにシジュウカラの場合、卵を抱くのもメスの役割だ。

観察を始めて二週間ほど経ったある日のこと。様子を見ようと巣箱を開くと、「チリリ〜」と声が聞こえてきた。「おや?」と思ってのぞいてみると、なんとピンク色のヒナがいた。

生まれたばかりのヒナはまるで宇宙人のよう。目も開いていないし、もちろん羽毛も生えていない。頭からお尻まで二センチほどしかないのだが、口だけは異様に大きい。

一日一個ずつ産み落とされたにもかかわらず、すべてのヒナがほぼ一斉にふ化していた。全部産み終えてから温めだすのは、きっとふ化のタイミングを合わせるためだ。ヒナたちをなるべく均等に育てるための工夫といえるかもしれない。

僕は目も開いていないヒナを見ていて不思議に思った。巣箱の中で、どのようにして親鳥から餌をもらっているのだろう？　何も見えていないのに、どうしてヒナは餌に食らいつくことができるのか？

こんなこともあろうかと、僕は小型カメラを準備していた。秋葉原の電気街で購入し、軽井沢に持ってきたのだ。そのカメラは暗い巣箱の中でもきれいな映像を撮影できる特殊なもの。巣箱の天井にそのカメラを仕掛け、そこからコードを伸ばして、二十メートルほど先からモニター越しに中の様子を観察することにした。

カメラを付けてしばらくすると、親鳥が戻ってきた。餌をくわえている。そして、すぐに巣箱に入った。すかさずモニターを確認すると、驚きの発見があった。巣箱に入った親鳥は、ヒナに向かって「ゲゲッ」と聞こえるユニークな声を出したのだ。すると、ヒナは天に向かって大きな口をパカっと開けた。完全に、親鳥の声に対して反射的に開けている。

なるほど。これならばまだ目が開いていないヒナにも、餌を与えることができる。「ゲゲッ」という声に対するヒナの反応は、おそらく生きるための本能。やはり巣箱の中を見ないとわからないこともたくさんありそうだ。

それから僕は、毎日巣箱にカメラを仕掛け、親鳥の餌やりの様子を録画していくことにした。そしてそれを可能な限りたくさんの巣箱で繰り返していった。

ふ化後六～七日くらい経って、ようやくヒナの目が開いた。餌をねだる声も「チリリ～」と聞こえるか細い声から、いつしか「ビビビ！」と活気ある声へと変わっていた。羽毛も少し生えてきて、わりと鳥らしくなっている。

この頃のヒナたちは、巣箱の屋根に止まる親鳥の足音が聞こえるだけで「ビビビ！」と鳴くようになっていた。一度の訪巣で餌をもらえるのは一羽のみ。我先に餌をゲットしようと、ヒナはみな必死なのだ。

ふ化後十五日くらい経つと、羽も伸びてきて、いよいよ鳥らしくなってくる。巣箱の中でいっちょまえに羽ばたきの練習もしたりする。この時期のヒナには異様なかわいさがある。小型カメラからの映像をモニター越しに見ていると、無意識のうちにニヤけてしまうし、時間が経つのも忘れてしまう。

夢中で観察しているといろいろなことに気がつくが、もっとも印象に残ったことはヒナの聞く耳の発達だ。この時期のヒナは、巣箱の外から聞こえてくる親鳥の声にも敏感に耳を傾けて、応じているようだった。

たとえば、父親が近くで「ツッピーツッピー」とさえずると、「はやく餌を持ってきて」と言わんばかりに「ビビビ！」と激しく声を出す。すると、親も急いで巣箱の中に餌を運び入れるのだ。周囲から聞こえる様々な鳥の声のうち、自分の父親の声を覚えて、それにだけ餌を求めて鳴くのかもしれない。一体どうやって覚えたんだろうと不思議に思う。

ある日、いつものようにカメラをつけて巣箱を観察していると、ハシブトガラスが近くの木までやってきた。ヒナは相変わらず「ビビビ！」と鳴いて、親に餌を求めて

いる。「このままではマズいかも」と思った瞬間、「ピーッピ！」という親鳥の声が森に響いた。
カラスに警戒して鳴いているのは明らかだ。この声は、人間やネコなど、他の動物が巣箱に近づいた時にもよく出すので、「警戒しろ！」という意味だろう。
それと同時に、あることにも気がついた。先ほどまで騒がしかったヒナの声が聞こえないのだ。モニターで巣箱の中を確認すると、ヒナたちはググッとうずくまって静まり返っている。
「そうか！　ヒナは親鳥の声に対して静まることで、カラスに巣の場所を特定されないようにしてるんだ。それだけではない。もし、カラスが巣箱に気づいて嘴を突っ込んできたとしても、うずくまってさえいれば、つまみ出されずに済むだろう！　なんて賢い方法なんだ」と僕は思った。親鳥はカラスがその場を去るまで警戒の声を出し続けた。そして、ヒナたちもずっとうずくまったまま、ひと声も発さず静かにしていた。さえずりと警戒声を区別できないバードウォッチャーも多いのだが、シジュウカラのヒナは生まれて十五日ほどでそれらを完全に識別できる。なかなかすごい能力だ。

ふ化後十八日目。ある巣箱で餌やりの観察をしようとカメラの準備をしていると、いつもと少し様子が違っていた。親鳥は巣箱の近くまで来るものの、餌を運ぼうとしないのだ。ヒナは巣箱の中で餌を欲しそうに「ビビビ！」と強く鳴いているのに……。「どうしたんだ？」と様子を見ていると、なんと一羽のヒナが巣箱を飛び立った！巣立ちである。これはそっと外から観察した方がよさそうだ。

二十メートルほど離れた場所から双眼鏡で観察していると、続いて二羽目のヒナも顔を出した。心の中で「がんばれ！」と応援していると、そのヒナも巣箱を飛び出した。巣立ったヒナを双眼鏡で追うと、頭の毛を逆立てて目を大きく見開いている。初めて見た外の世界。きっとキラキラと輝く世界を全身で感じているのだろう。

しばらくすると、二羽目の子は一羽目の子と合流し、親鳥から餌をもらうようになっていた。巣立ちビナたちは「ビビビビッ!」という声をかなり頻繁に出して、自分の場所を親鳥に伝えているようだった。

その巣には八羽のヒナがいたが、すべてが巣立つまで半日かかった。一羽一羽を応援し、巣立ち後のヒナたちの心配もしていたら、あっという間に日が暮れた。

シジュウカラの
オスとメス

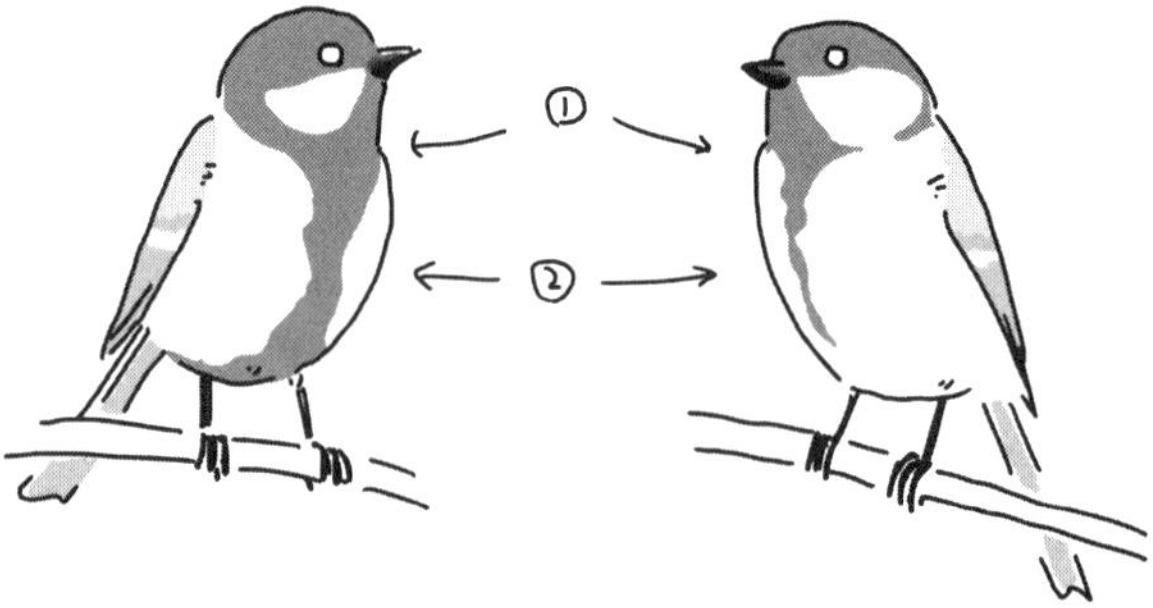

オス

① ほっぺの下の黒いラインが太い
② 胸のネクタイ模様が太い

メス

① ほっぺの下の黒いラインが細い or 途切れる
② 胸のネクタイ模様が細い

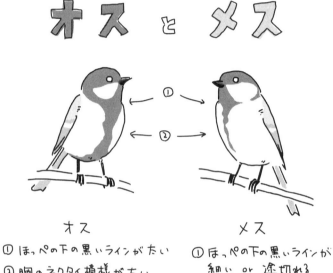

慣れてくると頭のテカリ具合でもオス・メスの区別ができるようになるよ！
オスは頭がテカテカしている

修士課程の秋と冬

修士課程はできるだけ長い時間を森で過ごそうと決めていた。大学時代とは違って講義や実習はほとんどないので、一年中研究に専念できる。春から夏にかけては、シジュウカラの繁殖期に出す鳴き声の調査。それでは、秋と冬は何を研究したかというと……。

実は、修士課程の秋と冬は、大学四年の卒業研究とまったく同じテーマをやり直すことにした。つまり、『小鳥が餌を見つけた時に出す鳴き声について』である。シジュウカラやコガラ、ヤマガラなどは、まとまった餌を見つけると、特徴的な鳴き声を繰り返し、同種や他種の鳥たちを呼び集める。群れをなして餌を食べれば、仲間同士で警戒行動を分担できるし、タカなどの捕食者にいち早く気づくこともできるからだ。僕は、この研究について、もう一度取り組むことにした。

研究者になってわかったが、同じテーマを再びやり直したという経験を持つ人は滅多にいないようなので、以下にその経緯を記そうと思う。

世界中の研究者が研究成果を発表する場所、それが学術誌である。研究成果を英語の論文にまとめて学術誌に投稿すると、その後、二～四名ほどの専門家による審査に回される。そして、数か月すると、その審査結果をもとに、学術誌への掲載の可否が通達される。論文を書くことは研究者にとって最も重要な仕事の一つ。〝出版か死か(Publish or Perish)〟という言葉があるように、論文を出版できない研究者は職を得ることも難しくなる。

僕は、仮に論文を出せなかったとしても死ぬ気はまったくなかったが、せっかくがんばって集めたデータだし、なにしろ面白い発見だという自信があったので、卒業研究の内容をぜひ学術誌に投稿したいと考えていた。だから、卒業論文も英語で執筆した。

論文を執筆する上で、研究の動向を把握することは肝心だ。そうでなくては、自分の研究が本当に独創的で新しいものであると、主張しようもない。僕は数え切れないほどたくさんの論文を読み、研究の動向をおさえていった。

より詳細に調べていくと、餌を見つけた時に鳴き声を出す動物は他にもいることがわかった。たとえば、ワタリガラス。シカなど大型動物の死骸を見つけると〝わめき声〟を上げるらしい。そして、この声は仲間のカラスを死骸のもとへと引き寄せるようである。セキショクヤケイやイエスズメ、アカゲザルも餌を見つけた時に声を出すことが報告されていた。もしかすると、他の多くの動物でも似た行動が進化しているのかもしれない。

しかし、これらはすべて同種の仲間を呼び寄せるものであり、他の種類の動物まで呼び集めるような現象はこれまで一つも報告されていなかった。僕が卒業研究でみつけたのは、鳥たちが種の壁を超えて鳴き声で会話する世界。シジュウカラやコガラは互いの鳴き声を理解し合って、餌場に混群を形成するのである。十分に新しいし、学術誌に発表すべきだと再認識した。

ところが、ある日、衝撃的な論文に出会ってしまった。それは、ドナルド・クロッドスマ博士（Donald Kroodsma）らによる『〝音声再生実験〟における擬似重複』と題された意見論文であった。そこには、「過去に発表された音声再生実験（動物に鳴き声を聞かせて反応を調べる実験）には、大きな欠陥がある」と記してあった。僕も、録音した鳴き声をスピーカーから聞かせることで、シジュウカラやコガラの鳴き声の意味を調べていた。内容が気になり読み進めると、どうやら以下のようなことらしい。

たとえば、十個体のカエルに対して二種類の鳴き声（音声Aと音声B）を聞かせて、それらへの反応に違いがあるか調べるとする。多くの研究者は音声Aと音声Bをそれぞれ一つずつ用意して聞かせるが、これは完璧なデザインとはいえない。なぜなら、動物の鳴き声は、個体によって響きが微妙に違うのが一般的だし、同じ個体が出す音声でも毎回少しずつ違っているのが普通だからだ。そのため、もし音声Aと音声Bを一つずつしか用意しなかったとしたら、反応の違いが〝音声の種類〟によるものか、それとも〝音声の個性〟によるものかを区別できなくなってしまう。

この議論は一九九〇年代にもあったそうで、その後、研究者は音声Aを二個、音声Bを二個準備するなどして、この指摘に対応しようとしてきたらしい。僕の場合も、各鳴き声の音声ファイルを二つずつ準備し、実験に使っていた。

しかし、その方法でも不十分であるというのが、今回のクロッドスマ博士の主張であった。クロッドスマ博士は、「完璧なデザインとは、十個体のカエルに対しては十個の異なる音声Aと十個の異なる音声Bを用意し、比較することである」と主張していた。よくよく考えてみると、たしかにその通りである。もしそれで音声Aと音声Bへの反応に差があれば、その差は音声の個性やカエルの個体差によるものではなく、音声の種類による違いであると確実に言える。

僕はこの論文を読んだ時、ただ聞かせてみればいいと思った自分が浅はかだったと感じた。それと同時に、やはりこういったデザインの完璧さを追求することも大切だと感心した。そして、自分も細部にまでこだわった美しい研究ができる研究者になりたいと、心から思った。


さらにもう一つの欠点にも気がついた。あらかじめ、どの個体から鳴き声を録音しているのかをわかるようにしておくべきだったのだ。つまり、データを収集する前に、調査地の鳥たちを捕獲し、個体識別のための足環《あしわ》を付けておくべきであった。この作業がないと、どの個体から録音しているのかわからないし、餌を見つけて鳴く行動が、どれだけ一般的に見られるものなのかもわからない。ある地域の鳥をすべて捕獲し、個体識別している論文はさすがになかなか見当たらないが、その点においてももっと努力すべきであった。

こうした理由から、僕は三か月かけて集めたデータをすべて捨てることにした。正確には、捨てたわけではなく、自分の成長の糧にしたのだ。先生方からは「それは厳しすぎる！」とか「せっかく集めたデータだから、論文にして次に進むべきだ」とアドバイスをいただいたが、どうしても納得できなかった。

そういうわけで、修士課程の秋から冬は卒業研究と同じテーマをやり直すことになった。今度は音声刺激もたくさん準備した。そして、環境省から学術研究目的で特別に許可を取得し、様々な方法を駆使して鳥たちを捕獲。プラスチック製の色足環を片足に二つずつ付けて、その色の組み合わせから、どの鳥が鳴いているのか識別できるようにしたのである。本当に大変な作業であった。森に棲む鳥をほぼすべて捕獲するのも想像以上に骨が折れたし、ノイズの少ないきれいな鳴き声をたくさん録音するのも簡単なことではなかった。データの客観性にこだわると、ここまでの労力が必要なのかと思い知らされた。

努力の甲斐《かい》もあり、国際的な学術誌に論文を発表することができた。結局、卒業論文と結論はまったく変わらなかったが、この経験があったからこそ、実験デザインを考える上での厳しい目や論理力が養われたのだと今では思う。

巣箱荒らしの犯人

僕は激怒した。ある日を境に、森にかけたシジュウカラの巣箱が、次々と荒らされ始めたのだ。巣箱の入り口が大きく広げられていたり、親鳥がせっせと集めた巣材が外に放り出されていたり、卵が突如消えたりと、状況はさまざまだ。

前の年までは順調だったシジュウカラの繁殖も、その年は失敗だらけ。二十つがいが巣箱で繁殖してくれたのだが、十個以上の巣箱に荒らされた形跡が残っていた。

このままでは、シジュウカラたちがかわいそうだ。この犯罪をなんとしてでも阻止しなくてはならない。これは研究者としての使命である！

〝巣箱荒らし事件〟の真相を解明するため、僕は立ち上がったのだ。

～名探偵・僕～

被害状況を整理して、ケースごとに考えていこう。

CASE1　広げられた入り口

さっそく現場検証だ。ある巣箱は、その入り口が大きく広げられていた。もともと、巣箱に開けた穴は直径二十八ミリ。それが、直径五センチ以上に大きくなっていたのである。そして、その穴の周囲には鋭い何かで削られたような跡があった。

巣箱の中を確認すると、親鳥は卵を温めている。どうやら入居者は無事だったようだ。僕は「ふうっ」と息を吐き、額の汗をぬぐった。

しかし、安心するのはまだ早かった。よくよく観察すると、巣材まで荒らされているではないか。親鳥が一生懸命に運んだコケやケモノの毛が、一部、巣箱の外に出されている。つまり、犯人はまず入り口を広げ、巣箱から巣材を引きずりだしたと考えられる。

もしかして、犯人の狙いはシジュウカラの卵？

僕のメガネが鋭く光った。

「犯人はおそらく、再びここを訪れるだろう。シジュウカラの卵を狙って……」

僕はトレイルカメラを購入し、巣箱の横に設置してみることにした。犯行現場をおさえるためだ。トレイルカメラとは、赤外線センサーで熱を持った動体を感知し、その写真や動画を撮ることができる優れもの。野生動物の調査においてもよく利用されている。

翌日、仕掛けたカメラを確認すると、見事、犯人の姿をとらえていた。

撮影時刻は深夜二時。すらりとした細長い体に黒い顔。犯人はイタチの仲間、ホンドテンだった。短い手足に似合わず、軽やかな動作で巣箱に飛び乗り、屋根の上からのぞき込むような体勢で、入り口に前脚を突っ込んでいた。どうにかして卵を引っ張り出そうと必死である。しばらく試行錯誤していたが、卵までは手が届かなかったようで、最後にはあきらめて去っていった。

おそらく巣箱の入り口もテンがかじって広げたのだろう。よく見ると、歯型のような傷跡もついていた。

指名手配したいところだが、森にはたくさんのテンがいるので、どのテンがやったのか区別しようがない。そこで、荒らされないよう対策を練ることにした。まず、屋根の軒を長く延ばした。屋根の上から巣の入り口に手が届きにくくなるよう工夫したのだ。また、巣箱の入り口が広げられないよう、金属プレートを打ち付けた。他にもいくつかの策を講じ、テンによる被害を食い止めることに成功した。これにて一件落着だ。

CASE2　消えた卵の行方

しかし未解決の事件はまだ残っている。いくつかの巣箱では、突如として卵がすべて消えていたのだ。

その巣箱には、テンの時のような入り口の傷はなく、巣材も外に出されていない。卵がなくなっていること以外、いつもと何ら変わりはない。

手がかりが足りないと思い、近くの巣箱にトレイルカメラを仕掛けてみた。この巣箱にはまだ荒らされた形跡はなく、シジュウカラは順調に十個の卵を温めている。犯人が次に襲うとしたら、この巣箱に違いない。

数日後、巣箱の中を見てみると、思った通り。その巣でも卵がなくなっていた。また同じ状況である。僕はあわててトレイルカメラを確認した。

——おかしい。シャッターが下りていない。

トレイルカメラには何も写っていなかったのだ。変わったのは卵が消失した事実だけ。またしても犯人は何の証拠も残すことなく、完全犯罪を成し遂げた。

その時、僕のメガネが鋭く光った。

犯人はトレイルカメラのセンサーに感知されないほどに、体温が低いのかもしれない。つまり、〝変温動物〟だ。

「犯人はこの中にいる！」

僕は爬虫類図鑑を取り出し、宣言した。

まず、トカゲやヤモリはありえない。小鳥の卵を食べるには口が小さすぎるし、すべての卵を食べるほど胃袋も大きくない。考えられるのはヘビである。

ヘビについて詳しく調べる。本州に棲むヘビは八種類。そのうち、木を登れるのは二種類に限定できた。アオダイショウとシマヘビである。この辺りで見かけるのは、アオダイショウがほとんど。犯人はアオダイショウの線が濃厚だ。

数日後、たまたまその証拠をみつけることができた。森で捕まえたアオダイショウが、小鳥の卵を吐き出したのだ。殻の模様や薄さからして、シジュウカラのものに間違いない。さすが僕。推理は見事に的中したのである。

これ以上の犠牲が出ないよう、ある工夫を施した。プラスチック板をパラソル形に広げて、巣箱の下に取り付けたのだ。いわゆる「ヘビ返し」である。さすがのアオダイショウでも、これでは登ってこられまい。

CASE3 バラバラ解体事件

二つの事件を解決し、森は再び平穏を取り戻した。しかし、それもつかの間、新たな事件が発生。なんと今度は、巣箱がバラバラに壊されていたのである。

木の幹から引き剝がされて、巣箱を支えていた頑丈なシュロ縄も切れていた。落ちた巣箱はもはやただの木材と化していて、巣材も無残に散らばっている。

その巣では、ちょうど昨日ヒナがふ化したばかりだった。あわててヒナを探してみるが、どこにも姿は見当たらない……。

これはタダ事ではない。大事件だ!!

こんな頑丈にできた巣箱を壊した犯人は誰だろう? テンにもヘビにもできるわけがない。普通の大人の力でも、そう簡単に壊せはしない。よほど巣箱に恨みがあるか、シジュウカラに恨みがある者の犯行ではないだろうか。いや、ひょっとすると僕に対する恨みからの可能性すらある……。

犯人はまだ近くにいるかもしれない。しかもすごい怪力の持ち主だ。

僕は背後に気をつけながら、電話で協力を要請した。

ピ・ピ・ポ。

青い制服を着た協力者は、白黒の愛車ですぐに森に駆けつけてくれた。さっそく現場を案内する。

「この巣箱です。昨日までは元気なヒナがいたのですが、さっき見に来たら、バラバラになってました」と、壊れた巣箱を手に取り、状況を説明。「かけてあったのはこの木です」と続けると、協力者は周辺を念入りに調べ始めた。

次の瞬間、協力者のメガネが鋭く光った。そして、木の幹を指差してこう言った。

「これ、クマの仕業じゃない？」

「え？」と思ってよく見てみると、そこにはなんと鋭い爪痕が残っていたのである！犯人は未知の怪人ではなくて、ツキノワグマだったのだ。それであれば納得。パンチ力は一トンくらいあるだろう。巣箱なんて一撃だ。僕は、「なんだ、クマか！　ヒナを狙って壊したんですね！　変な人じゃなくてホッとしました！」と言い、安堵《あんど》の胸をなで下ろした。

すると協力者は、「え、何を言ってるの⁉」と驚いた様子。そして、「人間の方が全然マシ。人は話せばわかるけど、クマには何を言っても通じないからね。昔、この辺りでも、山菜採りに来たお婆《ばあ》さんが、～（中略）～ホント、気をつけてくださいね」などと話すと、白黒の愛車に乗って帰っていった。

警察官のお兄さん、どうもありがとうございました。

僕の考えた最強の巣箱

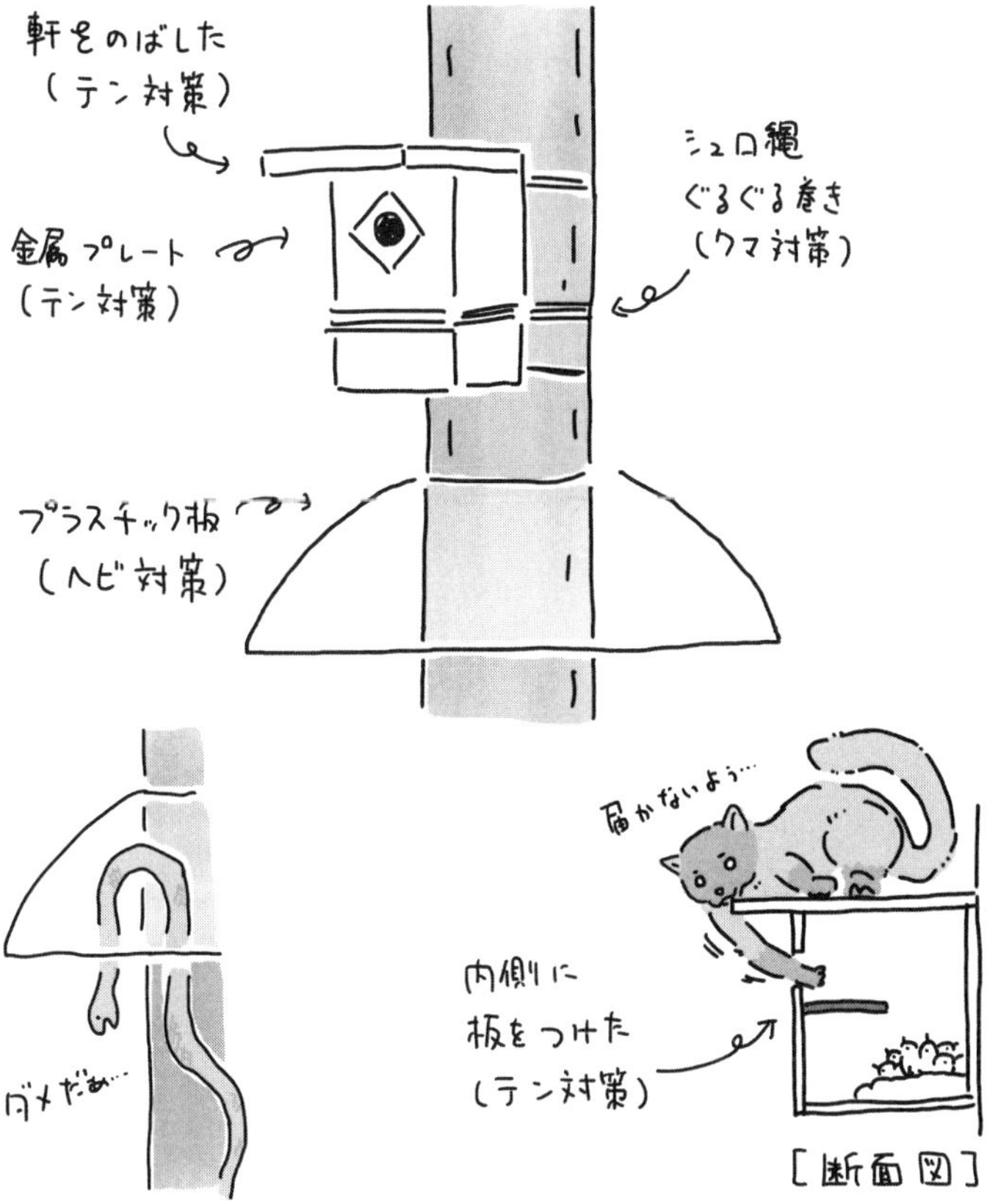
軒をのばした
（テン対策）
シュロ縄
ぐるぐる巻き
（クマ対策）
金属プレート
（テン対策）
プラスチック板
（ヘビ対策）
ダメだぁ…
届かないよう…
内側に
板をつけた
（テン対策）
［断面図］

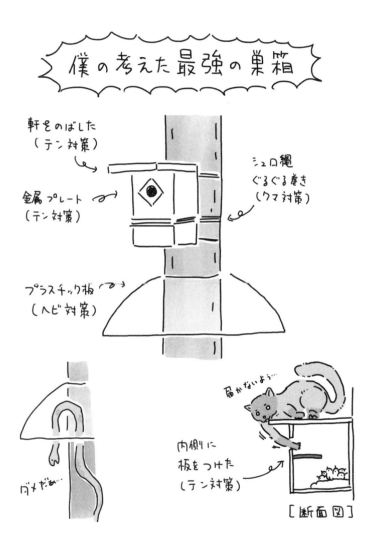

大発見！　ヒナの力

二〇〇八年六月十日。僕はこの日に起きた出来事を一生忘れないだろう。

当時、僕は博士課程一年の大学院生。修士課程までお世話になった千葉の大学に別れを告げ、東京にある某大学院へと所属を移していた。鳥の行動学の専門家、上田恵介《うえだけいすけ》先生のもとで研究を進めようと決めたのだ。研究室は変わっても研究テーマは変わらない。いつものように軽井沢の森でシジュウカラ語の研究を続けていた。

その年、四十個の巣箱をかけたところ、二十四個の巣箱でシジュウカラが繁殖してくれた。マイクを片手にこれらの巣箱を巡回し、親鳥の鳴き声を録音していく地道な作業。鳴き声の意味に迫るには、どういう状況でどの声を使っているのか、一つひとつ調べていくのが基本なのだ。

ちょうどお昼を過ぎた頃、その瞬間はやってきた。観察のため三十六番の巣箱に向かうと、聞きなれない声が聞こえてきたのだ。

「ジャージャージャー……」

レコーダーをオンにして巣箱の方へと近づくと、思った通り。声の主はシジュウカラであった。翼を広げ、何だかあわてた様子である。

「一体何が起きたんだ⁉」と思って巣箱の方に目をやると、そこにはなんと大きなヘビが迫っていた！　アオダイショウだ。深緑色で光沢のある体、大きさは一・五メートルほどあるだろうか。

アオダイショウといえば小鳥の天敵。卵やヒナはおろか、親鳥さえ丸呑みにすることもある。

シジュウカラの親鳥は、そんな危険な天敵に接近し、必死に威嚇していた。オスもメスもヘビに近づき、追い払おうと羽ばたいている。そして、「ジャージャー」と鳴いていた。

驚いた。それまで朝から夕まで毎日シジュウカラを観察していたので、僕はシジュウカラの鳴き声のほぼすべてを把握しているつもりでいた。だが、こんな声、これまで聞いたことがない。親鳥がカラスに威嚇するのを観察したこともあったが、その時は「ピーツピ」と鳴いていた（「繁殖の観察」参照）。僕が巣箱に近づいた時にもそれに似た声を出す。ネコの時も同様だ。それなのに、ヘビに対してだけ「ジャージャー」と鳴いていたのだ。

二〜三分観察を続けると、親鳥の威嚇もむなしく、アオダイショウがいよいよ巣箱の入り口にまで迫ってきた。このままではヒナたちが危ない。僕はマイクを地面に置いて巣箱へと近づいた。そして、アオダイショウには申し訳ないが、首の付け根をグイッとつかんで、幹に巻き付いた胴体をゆっくりと引き剝がした。

ヘビを片手に巣箱の蓋を開け、鏡で中を確認すると、違和感があった。ヒナの数が少ないのだ……。十羽いたはずなのが、一、二、三、四、五羽しかいない。すでに襲われたのだろうか？

あわててヘビの腹を確認するが、まったく膨れた様子はない。当然である。そもそも侵入する前だったはずだ。

この巣のヒナはふ化してから十五日目。シジュウカラのヒナの場合、巣立つまでに十八日はかかるはずだ。巣立ちにはちょっと早すぎる。一体何があったんだ……。

よくわからないが、このアオダイショウがかかわっていることはきっと確かだ。僕は、捕まえたアオダイショウを持ち帰り、別のシジュウカラに見せてみることにした。一部始終を観察しようと考えたのだ。ヒナを救った救世主は、好奇心にかられて一気に悪役へと転じた。

二十一番巣箱。蓋を開けると、ヒナたちはすくすくと育っていた。ふ化後十七日目。明日には巣立ちをむかえるだろう。

親鳥がいないタイミングを見計らい、アオダイショウを入れたプラケースを巣箱の下に置いてみた。巣箱を襲いに来た様子を再現したのだ。プラケースに入れておけば、さすがのヘビも出られまい。ヒナも親鳥も安全だ。十五メートルほど離れた場所から双眼鏡を片手に観察する。もちろんレコーダーも回しておく。

五分ほどで、親鳥が青虫をくわえて戻ってきた。オスとメス、二羽で一緒に来た。巣箱の近くの枝に止まり、中に入ろうとしたその時、アオダイショウに気づいたのか、凍ったように動きを止めてプラケースの方を凝視した。そして、せっかく見つけてきた青虫を、嘴からポロッと落としてしまった。

手に汗を握りながら観察を続けると、親鳥はけたたましく「ジャージャージャー!!」と鳴き始めた。「さっき聞いたのと同じ声だ!」と思った瞬間、目を疑う光景が飛び込んできた。

バタバタバタバタバタッ!!

なんと、親鳥が「ジャージャー」と鳴いた直後、巣箱から次々とヒナが飛び出してきたのである! ほんの十数秒ほどで、十羽ほどいたヒナたちはすべて巣箱の外に出た。

シジュウカラのヒナの場合、半日から一日かけて一羽ずつ巣立つのが一般的。二日かかる場合もある。それが瞬時にすべて飛び出したのだから、驚かずにはいられない。交感神経が最大限に活性化し、心臓はバクバク鼓動を打つ。よくわからない汗までにじみ出てくるし、腕には鳥肌まで立っている。自分の体の変化に精神がついていけ

ないような、初めての感覚だ。

僕は気づいてしまったのだ。ヒナたちに隠された秘密の力に!!

アオダイショウは巣箱に侵入してヒナを襲う。巣箱の中に残っていたら、ヒナは間違いなく丸呑みだ。ヒナがヘビから逃れるには、巣箱を飛び出すより他にない。だから、親鳥の「ジャージャー」を聞いて、思い切って飛び出したのだ！

シジュウカラの親鳥は、巣箱の周りでいろんな声を出している。「ツツピーツツピー」と聞こえるさえずりや「ピーツピ」という警戒の声、仲間を呼ぶ「ヂヂヂヂ」など、本当に様々だ。ヒナは、その多様な声から、ヘビに対する「ジャージャー」を確実に聞き分けて、巣箱を飛び出したのである。

一斉に飛び出したヒナたちは、巣箱に戻ることはなく、親鳥と共に群れをなして森の奥へと消えていった。どうやら、シジュウカラのヒナたちは、ふ化後十七日目にはもうある程度飛べるようだ。「ジャージャー」と聞いて巣箱を飛び出す行動は、巣立ち直前のヒナだけが、一生で一度使うかどうかの緊急オプションなのだろう。

思い返すと、三十六番巣箱のヒナたちも、半分が巣箱から消えていた。かれらはふ化後十五日目で、二十一番よりも少し幼い。おそらく、成長の早かった何羽かのヒナは、「ジャージャー」という親鳥の声に反応し、巣箱を飛び出したに違いない。僕が気づかなかっただけで、先ほどの巣でも同じような事態がきっと起きていたのだろう。

ものすごい大発見だ！

どうしたらこのヒナのすごさが伝わるだろうか？　もちろん、「ジャージャー」の声で巣箱を飛び出すのはものすごい発見なのだが、どこがすごいのかというと、ヒナが親の声の種類を聞き分けているという点だ。

――以前、巣箱の天井に小型カメラを付けて、中の様子を観察したことがあったのだが、実は、その時にもヒナたちが親の声を聞き分けているのではないかという気づきがあった。

それは、巣箱の近くにハシブトガラスがやってきた時のこと。親鳥は「ピーッピ」と警戒の声をあげ、それに対して巣箱のヒナはググッとうずくまったのだ。ハシブトガラスは巣箱の入り口から嘴を差し入れて、ヒナをつまみ出して捕食する。「ピーッピ」に対してうずくまることは、カラスの攻撃を避ける上で効果的なはずである（「繁殖の観察」参照）。

つまり、シジュウカラのヒナは、巣箱の外の親の声を聞き分けて、カラスの時はうずくまり、ヘビの時は飛び出すという対照的な行動をとり、身を守っているのである。

このような観察を科学論文として発表するには、どうすればいいだろうか？　たとえば、どのシジュウカラの親鳥もカラスとヘビで鳴き声を使い分けることを示す必要がある。そうはいっても、天敵がヒナを襲いにくるシーンを何度も観察するのは難しい。毎日朝から夕まで巣箱を巡回していても、年に一度、見られるかどうかである。これをたくさん観察しろと言われても、何年かかるかわからない。

となると、方法はただ一つ。巣箱の前にカラスやヘビを置き、〝見せてやる〟しかないだろう。

大学に戻ると、僕はさっそく翌年の実験のための準備を始めた。いくつかの自治体に問い合わせ、害鳥として駆除されたハシブトガラスの死骸を入手し、剝製《はくせい》を作った。ヘビは剝製にすると色があせてしまうし、実験のために殺してしまうのはかわいそうだ。そこで、アオダイショウは生きたまま透明なアクリルケースに入れて見せることにした。軽井沢や東京都内で四匹捕まえた。

――そして、二〇〇九年五月。僕は三体のハシブトガラスの剝製と四匹のアオダイショウを引き連れて、軽井沢の森に戻ってきた。

その年の繁殖は順調そのもの。五月末になると、巣立ちを目前に控えたヒナのいる巣も増えてきた。あまりシジュウカラのヒナに負担をかけてはいけないので、影響が最も少ないと考えられる、ふ化後十七日目に実験することにした。

各巣、実験は一回のみ。十個の巣ではヘビを、十一個の巣ではカラスの剝製を見せていく。巣箱の天井には小型カメラを仕掛けて、実験中、ヒナの様子を確認した。

まずは、アオダイショウをアクリルケースに入れて見せてみる。すると、去年見た通り、親鳥は「ジャージャー」と鳴きながらアオダイショウに近づいて、翼を広げて威嚇した。

すぐさま、小型カメラのモニターを確認すると、「ジャージャー」という声を聞いたヒナたちは、親に餌をねだるのをやめ、キョロキョロと首を動かしだした。そして、その数秒後、バタバタバタバタッと飛び出したのだ！　再現性は高そうだ。

次は別の巣箱で、ハシブトガラスの剝製を見せてみる。すると、親鳥は「ピーツピ」と発し、ヒナたちは巣箱の中でググッとうずくまった。こちらも思った通りの反応である。

驚くほどクリアな結果が得られた。誰がどう見ても一〇〇対〇。一目瞭然とはまさにこのことだ。ヘビを見せた十個の巣すべてで親鳥は「ジャージャー」と鳴き、ヒナは巣箱を飛び出した。一方、カラスを見せた実験では、十一個のすべての巣で、親鳥は「ピーッピ」と鳴き、ヒナは巣箱の中でうずくまった。

どのヒナも聞き分けができるとなると、おそらくこれは本能的な能力だ。そもそも巣箱の中から外の天敵は見ることができないし、天敵対策に失敗は許されない。もし、逆の行動をしたら大変なことになる。ヘビが来た時に巣箱の中でうずくまっていたら、侵入したヘビに食われてしまうし、カラスが来た時に巣箱を出たら、簡単に捕まってしまうだろう。長い進化の歴史の中で、親鳥の声を聞き分けて、天敵の種類に応じて対照的な対策をとる本能が、ヒナに備わったのである。おそるべし、シジュウカラ語の世界！

——僕は実験を終えると、さっそく成果を論文にまとめて投稿した。投稿先はカレント・バイオロジー。審査が厳しく、掲載されるのが難しいことで有名だが、その分、評価の高い学術誌だ。僕の論文の運命やいかに。

パースの思い出

博士課程三年目の九月末。成田から約十二時間のフライトを経て、僕はオーストラリアのパースに降り立った。南半球なので季節は早春。薄手の長袖を羽織ればちょうどよい気温である。空港からバスで市街へ向かうと、豊かな緑に近代的なビルが建ち並ぶ美しい街並みが迎えてくれた。

今回、パースに来た目的はただ一つ。国際行動生態学会（ISBE2010）への参加である。二年に一度開催される、動物学の分野では最も大きな国際学会の一つ。世界各国から研究者が集結し、それぞれの研究成果を発表して議論し合う場だ。

僕にとっては初めての国際学会への参加である。国内の学会（日本鳥学会や日本動物行動学会）では何度か発表したことがあったが、その規模はまるで違う。大会プログラムをみると、大御所の名前もズラリと並んでいる。まさに、世界の動物行動学の最先端がここにあるのだ。

僕が発表するのは博士課程の研究。シジュウカラのヒナが親鳥の鳴き声を聞き分けて、天敵から身を守るというものである。巣箱の近くにカラスが来た時、親鳥は「ピーツピ」と鳴いて、ヒナたちは巣箱の中でうずくまる。一方、ヘビが来た時、親鳥は「ジャージャー」と鳴き、ヒナたちは一斉に巣箱を飛び出すのだ。それぞれ、嘴で襲ってくるカラスと巣箱に侵入してくるヘビへの適切な対策である。国内学会で発表した時はとてもウケがよかったので、実はかなり自信があった。日本だけではもったいない。世界に発表すべきだと思って、はるばるパースまでやってきた。

初日はウェルカム・レセプション。各国から参加した研究者が一つの会場に集まって、みんなでビールやワインを片手にワイワイ交流するものだ。国内の学会だと初日から発表があることも多いが、国際学会は一般的に飲み会から始まる。発表は二日目からで、初日は交流会というわけだ。とてもいい文化である。

僕もビールを片手に会場をぶらぶらする。参加者はみな首から名札を下げているのだが、よく見てみると、知っている名前もチラホラある。僕は自称論文マニア。印象に残った論文については、その著者名、雑誌名、出版年をだいたい記憶しているのだ。そうはいっても、なかなか顔までは把握していない。「あの研究やってる人って、こんな髭《ひげ》モジャのおじさんだったんだ！」とか、「え、あの人こんなに若かったのか！」など、僕は学会の始まりを大いに楽しんでいた。

そんな中、知り合いの研究者を見つけた。静大三郎（Daizaburo Shizuka）さんだ。静さんは日本で生まれてアメリカでキャリアを積んだ研究者。前の年、三か月ほど日本に滞在されていて、仲良くなった人である。

ビールを片手に「お久しぶりです！」と声をかけると、「おー、トシくん！　元気？」と笑顔で返してくれた。するとすかさず隣の外国人が静さんに声をかけた。「ダイ（静さんのニックネーム）、アー・ユー・スピーキング・ジャパニーズ⁉」

そうだ、ここは国際学会。静さんとも英語で会話しなくては。とりあえず自己紹介をしようと名札を見せると、その人はハッとした様子でこう言った。

「ユア・ペーパー・イズ・ソー・インテレスティング！（君の論文、本当に面白かったよ！）」

「……えっ?」と思った。なぜなら、僕はまだ論文を投稿したばかり。現在、専門家に審査してもらっている最中なのだ。一体どういうことかと思っていると、彼は英語でこう続けた。

「僕は今、君の論文を審査しているのだけれど、本当に驚いた。ヒナがうずくまったり、飛び出したり。ものすごい発見だよ!」

なんと、偶然にも静さんの隣にいたのは、僕の論文の審査員。そしてそれはあの著名なロバート・マグラス博士(Robert Magrath)だったのだ! マグラス博士といえば、オーストラリアで鳥の鳴き声の研究をしている超一流の研究者だ。博士が研究しているマミジロヤブムシクイの場合も、親鳥は捕食者を見つけると警戒の声を出し、騒がしいヒナたちをしずめるそうだ。憧れの鳥類学者が僕の研究を審査していて、しかも面白いと言ってくださった。これはうれしすぎる!

高揚した気分のまましばらく三人で団らんした。最後にはマグラス博士から、「明後日《あさって》の発表、楽しみにしているよ」と励ましの言葉までいただいた。初日からいきなりハードルが上がってしまった。僕は「しっかり練習しなければ」という思いになって、ぬるくなったビールをグイッと飲み干し、宿泊先のホテルに戻った。

翌日は朝から口頭発表のセッションがあった。セッションはテーマごとにまとめられていて、二時間の枠の中に六名の発表がある。一人の持ち時間はプレゼンが十五分、質疑応答が五分。スクリーンにスライドを映しながら演壇に上がって発表するスタイルだ。虫や魚類、鳥類、哺乳類。いろいろな動物の行動に関する発表があり、僕は大興奮でメモを取った。世界には僕と同じように動物が大好きで夢中になって研究している仲間がたくさんいる。それだけでもうれしくなる。

最初のセッションが終わり、次のセッションまでの休憩時間。僕がコーヒーを飲んでプログラムを眺めていると、「ようやく見つけた！」と英語で声をかけられた。名札を見ると、マイケル・グリーザー（Michael Griesser）とある。この人も知っている！

グリーザー博士はアカオカケスというカラスの仲間の鳥を研究していて、かれらの鳴き声がかなり複雑だという論文を発表していた。論文マニアの僕は、グリーザー博士の論文はほぼすべて読んでいたし、この学会に参加していることも把握していたのだが、まさかご本人から声をかけていただけるとは！

「はじめまして」と挨拶をすると、グリーザー博士は「君の論文、めちゃくちゃ面白いね！　今、君の論文を審査しているんだ」とさわやかな笑顔。

昨日に引き続き、今日もまた論文の審査員から声をかけられるとは驚きである。

「この人たち、審査していることをそんなに簡単に言っていいものなのか」と疑問に思ったが（今でも疑問である）、マグラス博士だけでなく、グリーザー博士にとってもシジュウカラのヒナの能力は衝撃的だったようである。

シジュウカラやアカオカケスについて情報交換しているうちに、あっという間にコーヒーブレイクは終了し、次のセッションの時間になった。

「ありがとうございます！」とお礼を言うと、「明日の口頭発表、楽しみにしているよ！」とグリーザー博士。初めての国際学会での発表なのに、もうハードルが上がりまくりだ。


そして大会三日目。いよいよ僕の発表の日が来た。

『音声コミュニケーション』と題されたセッション。座長はあのマグラス博士。ドキドキしながら演壇に上がる。緊張するのは仕方ないが、とにかく落ち着いて、シジュウカラのヒナの力を世界のみんなに伝えよう。

研究の背景や方法を紹介し、いよいよ結果を説明する。

まず、カラスに対する警戒声への巣箱のヒナたちの反応だ。「ピーッピ！」という親鳥の鳴き声に、巣箱の中のヒナたちがググッとうずくまり、鳴き声をしずめる様子を動画で流した。会場のみんなも興味津々で見てくれている。

「カラスは嘴を巣の入り口から差し入れるので、ヒナはそれに対してうずくまることが一番なんです」と説明すると、みんな「うん、うん」と納得した様子。

次に、ヘビに対する「ジャージャー」の声と、それを聞いたヒナの反応だ。親鳥がアオダイショウに気づき「ジャージャー」と鳴き出すと、ヒナたちはバタバタバタッと巣箱から飛び出していく。この映像を流すと、「ウワーォ……」と会場がどよめいた。

「アオダイショウは巣箱に侵入してくるから、その前に巣箱を飛び出すことが、ヒナが助かるための唯一の方法なんです」と説明する。それでも会場のざわつきは収まらない。

あっという間に十五分の発表は終わった。マグラス博士も「素晴らしい発表でしたね。イラストもかわいくてわかりやすい。何か質問があればどうぞ」とまとめてくださった。

本当にたくさんの質問がきた。「ヒナは脱出したあとはどうなるんですか？」「ヒナがまだ小さい時はどうするんですか？」「本能で聞き分けるということでしょうか？」などなど。一つひとつの質問に、できるだけ丁寧に、わかる範囲で答えていった。

みんな口を揃《そろ》えて「すっごく驚きました」とか「本当に面白い！」と言ってくれて、心の底からうれしかった。僕がこの現象を見つけた時に森で感じたあの興奮を共有できた気がしたのだ。

セッションが終わると、マグラス博士が僕のところへやってきて、「質問が多い発表というのはいい発表だよ。おめでとう！」と褒めてくださった。僕は「ありがとうございます！」と言った。


翌日、僕の発表はちょっとした噂《うわさ》になっていた。会場にいた人たちからは廊下ですれ違うと「すごい研究だね！」と声をかけていただいたし、会場にはいなかった人からも「ちょっと動画見せてよ！」などと声をかけていただいた。

そして、なんと、ニコラス・デイビス博士（Nicholas Davies）からも「発表の成功、おめでとう！」と声をかけていただいたのだ。デイビス博士は動物学者ならみんなが知っている有名人で、ジョン・クレブス博士との共著の教科書『行動生態学』は世界中で読まれている。その頃もカッコウの托卵《たくらん》に関する研究を精力的にされていて、彼の本や論文は僕も夢中で読んでいた。

「論文は書いてるの？」と聞かれたので、「今、投稿中なんです」と答えると、すかさず「どこに投稿しているの？」とデイビス博士。僕は、「カレント・バイオロジーです」と返すと、「おー！　いいジャーナルだ！　グッドラック！」と笑顔で返してくださった。優しい目をした人だった。

学会最終日には、ジョン・オルコック博士（John Alcock）ともお話しする機会があった。オルコック博士は『動物行動学』の教科書を書いていて、それも世界中で読まれている。僕ももちろん読んでいた。
「シジュウカラの鳴き声の研究、素晴らしいね！　僕はちょうど他のセッションがあって聴くことができなかったけれど、本当に面白い。今度、論文になったら送ってね！」
オルコック博士にそう言われ、僕は「絶対に送ります！」と勢いよく返事をした。

学会に大満足して日本に戻ると、一通のメールが届いていた。それは、投稿していた論文が〝受理〟されたとの知らせであった！　三名の審査員から「面白い研究だ」とコメントをいただいて、学術誌の編集長も論文の掲載を認めるとのことだった。やっと博士課程の研究を、科学的事実として、世界に残すことができる！

論文が出版されると、僕はさっそくそのファイルをオルコック博士にメールで送った。すると、すぐに返事があった。

「面白い研究をありがとう。次の『動物行動学』の教科書の改訂版には、君の研究を紹介するよ。今後もみんなが驚くような〝一流の研究〟を続けてください」

なんていい人なんだろう。遠い国の大学院生を、一人の研究者として激励してくれる、素晴らしい人格者である。僕も将来、国境を超えて若者を応援できる研究者になりたいと、心から思った。

二〇二三年一月、オルコック博士はご逝去された。交わした言葉は決して多くはなかったが、彼の温かいメッセージは本当に大きな励みとなり、研究を進める力となった。そして、彼が最後に残した教科書の改訂版には、僕のシジュウカラ語の研究が紹介されている。もう一度お会いして、直接お礼を伝えたかった。

動物の博士

二〇一二年三月、僕はついに〝博士〟になった。シジュウカラの鳴き声の研究論文が学術誌に掲載され、博士号を取得するにふさわしいと大学に認められたのだ。すべてシジュウカラのおかげである。この場を借りて御礼《おれい》申し上げたい。

博士号を取得してからも、僕の生活はそれまでと大きく変わらなかった。森に通って鳥たちを観察し、データを集め、論文としてまとめる日々。博士になったからといって、すぐに自分の研究室を持てるわけではない。〝研究員〟として引き続き成果をあげることが求められるのだ。

そんな日常の中にも、一つだけ明らかに変わったことがあった。それは、周りから「なんか鳥に似てない？」とか「シジュウカラっぽくない？」などと声をかけられるようになったことだ。

初めのうちは冗談かと思っていたが、いろいろな人からそう言われるので、どうやら本当のことらしい。

ある友人が言うには、頻繁に首を上下左右に動かしているとのこと。意識しているわけではないが、おそらくこれは本当だ。シジュウカラが「ツピッ」と鳴くだけで自然とそっちに目がいくし、「ヒヒヒ」と鳴けばタカがいないかと空を見上げる。森の中だけでなく街の中にもシジュウカラはたくさん棲んでいる。群れの仲間と連携したり、天敵から身を守るため、常に会話しているのである。研究を続けるうちに、いつしか僕はシジュウカラの耳を持つようになっていた。

また別の友人の話によると、昔よりもおしゃべりになったらしい。昔から話すのは好きだが、たしかに沈黙が苦手になった。そして、シジュウカラもおしゃべりだ。うっそうとした木々の中では仲間を目で確認しにくい。常に鳴き声で状況を伝え合わないと、仲間とはぐれてしまうのだ。

そして、鳥好きの友人からは、シジュウカラに似て交友関係が広いよね、なんて言われるようにもなった。これはうれしい変化である。たしかに博士課程のうちに、交友関係が広がった。鳥類学者だけでなく、昆虫学者、魚類学者、植物学者、音楽家、そして週刊誌の記者とも仲良くしていたので、その姿はまるで他種の鳥と混群をなすカラ類のようだというのである。

僕はシジュウカラが好きなのでシジュウカラに似ていると言われるとうれしく感じる。あるテレビ番組に出演した時、〝シジュウカラになりたい〟と言ったこともあるくらいだ。なので、この習性を改めようとは思っておらず、おそらく年々、よりシジュウカラっぽく変化していると思われる。


習性が研究対象に似てくるというのは、なにも僕に限ったことではない。というのも、「この人、研究対象に似てる！」と思うことはこれまで何度もあったからだ。

たとえば、大学院時代に同じ研究室にいた先輩のスギタさん。小笠原諸島に生息する巨大なコウモリを研究していたが、スギタさんの生態もまさにコウモリそのものだった。

ある晩、忘れ物を取りに研究室に戻った時のこと。部屋の電気は消えているのに、なぜか鍵が開いていた。誰か鍵をかけ忘れたのかなと思いドアを開けると、真っ暗な部屋にスギタさんが座っていたのだ。「こんな暗い所で何をしているんですか？」と

聞くと、「仕事」と一言。よく見ると、手元にはパソコンがあり、カチャカチャ何かを書いていた。スギタさんはコウモリと同じく夜行性で、暗闇の中で仕事をする方が落ち着くのだという。ちなみに研究を始める前は昼行性だったらしい。もちろん彼は〝コウモリ博士〟だ。

他にもある。同じ研究室でスズメの研究をしていたミカミさんは、なんと〝電柱〟が好きなのだ。いろいろな場所に出かけては電柱の写真を撮って喜んでいる。実はスズメも電柱が大好きで、上部についている四角い鉄パイプや変圧器の中に巣を作る。電柱がなければ都市でこんなに繁栄することは困難だったことだろう。

そんなミカミさんは〝スズメ博士〟だ。

まあ、習性が研究対象に似るというのはまだ理解できる。大学生の頃から研究を始めたとして、博士号を取るまでにかかる年数は少なくとも六年。その間、同じ対象を研究し続ける人もいるので、気づかぬうちに対象動物に性格や暮らしぶりが似てしまっても不思議はない。

しかし、世の中には、簡単には説明のつかないミステリーも存在する。動物学者を見渡すと、習性だけでなく、〝容姿〟が似ていることも多々あるのだ。

チンパンジーの研究者はちょっとチンパンジーっぽい顔をしているし、ネコの研究者はやはりネコ顔。動物行動学会などに参加すると、いろいろな動物を研究している人に出会うが、たいていの場合、顔とテーマが一致している。

考えられる可能性は次の二つだ。

【仮説1】もともと顔や雰囲気が似ていることで、その動物に興味を持ち、研究する

ようになった

【仮説2】研究を続けるうちに、徐々に容姿も動物のように変化し、似てきた

僕は【仮説1】がありそうだなと思っていた。なぜなら、飼い主と犬の顔が似ているというトンデモ論文を読んだことがあったからだ。どうやら人間には、もともと自分に容姿が似ている対象に親近感を覚える性質があるようで、犬を選ぶ時にも同様の原理が働いているとの考察であった。もしそれが事実であれば、研究者たちが自分に似た生物に親近感を覚え、興味を持ち、研究を始めたということがあってもよさそうである。それに【仮説2】だと、長年シジュウカラの研究を続けている僕は、将来的に、口は嘴に、腕は翼に変化することになる。

どうして研究者が研究対象の動物に似ているのか、その理由を元京都大学総長の山《やま》極《ぎわ》壽《じゅ》一《いち》先生に聞いてみたことがある。山極先生はゴリラ研究の第一人者。長年、アフリカの森に通ってゴリラの観察を続けてこられたすごい方だ。僕は山極先生と共著を出版する機会に恵まれ、その対談イベントが開かれたので、ここぞとばかりに疑問を

ぶつけてみたのである。

「動物の研究者って、容姿が研究対象の動物に似ていることがありますよね。アレって、どうしてだと思いますか?」と尋ねると、山極先生は笑いながらこう答えてくれた。

「動物を長く観察していると、その動物の動きが無意識に自分にも移ってくるんだと思うんだ。たとえば、チンパンジーを研究している人は、果物を食べる時の口の動かし方がチンパンジーに似ているんだよ。そうすると、口元の筋肉もそれに合わせて発達してきて、顔つきもだんだんチンパンジーっぽくなるんだと思う」

山極先生はなんと【仮説2】の支持者だったのだ! 山極先生の話を聞いて、なるほど、と思った。ゴリラを長年観察してきただけあって、人間もよく観察されている。たしかにチンパンジーの場合、【仮説2】は説得力がある。表情筋だって似ているし、無意識的に真似するうちにチンパンジー寄りに発達することもありそうだ。

しかし、よく考えてみると、【仮説1】と【仮説2】は対立するものではなく、むしろ補完し合うものかもしれない。つまり、自分に似ている動物に親近感を覚えて研究を始め（仮説1）、やがてその動物の動作を真似するうちに筋肉が発達してさらに似てくる（仮説2）というプロセスも考えられるはずである。まだまだ検証の余地がありそうだ。

ちなみに、山極先生もゴリラにそっくりだ。習性も容姿も、ゴリラに似ている。ゴリラのように他者との対等な関係を大切にする優しさがあり、その堂々たる雰囲気はまさにゴリラそのもの。対談をしている間、まるでゴリラと話しているかのような錯覚にとらわれたほどだ。「ところで、山極先生はどうしてゴリラに似ているんでしょうか？　研究する前から似ていましたか？」とご本人に質問してみれば、一番早く答えがみつかったのかもしれない。

そんなこんなで、僕は今でも〝研究者の容姿が研究対象に似る問題〟のデータ収集を続けている。これまでに一番印象に残っているデータは、ある年、日本生態学会に参加して得たものだ。廊下を歩いていると、ある一人の男性が目にとまった。驚いたことに、彼はカマキリそっくりだったのだ！　一瞬、目の錯覚かと思い二度見したが、本当にカマキリにそっくりな顔であった。

僕は「この人、絶対にカマキリの研究をしている！」と確信し、ポスター会場で彼を探した。

——いた。カマキリ顔の彼の前にはすでに何人か集まっていて、ポスターの説明を聞いていた。僕もその輪に加わり、掲示されたポスターを見てみると、やはり。そこには、「カマキリの○○について」というタイトルがデカデカと書かれていたのだ。

彼はもともとカマキリ顔だったからカマキリの研究を始めたのだろうか？　それとも、カマキリの研究を続けるうちに、次第にカマキリ顔になったのだろうか？　そもそも、外骨格のカマキリに似てくるなんて、そんなことあり得るだろうか？　謎《なぞ》は深まる一方だ。

ポスター発表の短い時間では、その原因を究明するには至らなかった。またいつか学会でお会いし、研究の動機や生い立ちについて詳しく伺いたいと切に願う今日この頃である。

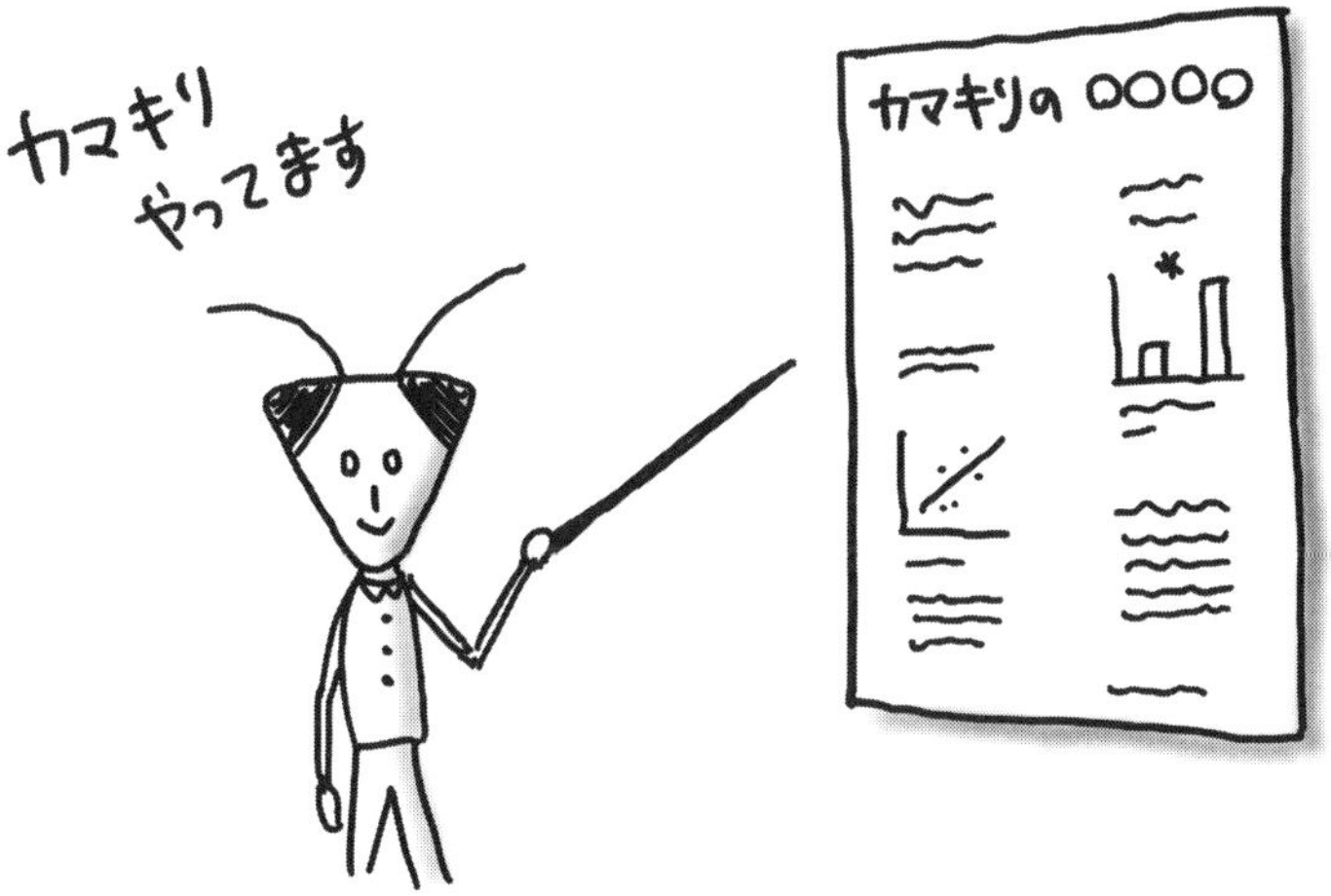
カマキリ
やってます
カマキリの OOOO

実家の巣箱

春になると、大量にスマホに届く巣の画像。母からである。

実家の庭にある梅の木には小鳥用の巣箱がかけてあり、毎年シジュウカラが繁殖のために使ってくれる。巣箱の天井には小型カメラが仕掛けてあって、そこからコードを引っ張って、中の様子をいつでもテレビで見られるようにしている。テレビなので見ない時は消していればいいのだが、終日〝スイッチ・オン〟の監視体制だ。シジュウカラの繁殖を見守ることが、鈴木家の毎年の恒例行事となっている。

シジュウカラが巣作りを始めるのは三月下旬。それから五月上旬の巣立ちの時期まで、「巣材が入ったよ」「卵産んだよ」「ヒナがかえったよ」「ヒナが大きくなったよ」「ヒナがだいぶ大きくなったよ」などのメッセージが、写真付きで送られてくる。もちろん、僕自身も子育ての観察は大好きなので、そんな情報を仕入れてしまったら、いてもたってもいられない。研究という名目でちょくちょく実家に戻っていた。

庭に巣箱を最初にかけたのは何を隠そう僕である。大学四年でシジュウカラの研究を始めたのがきっかけだ。初めは「入ってくれるかわからないけど、ひょっとしたら入るかも」くらいの軽い気持ちで試してみたのだが、それから十八年以上、毎年のように入っている。多い時は一年に二回も入居する。そういう当たり年は七月半ばまで、母から巣箱の中継が続けられることになる。

そして、うれしいことに、巣立ちの成功率が異様に高い。森の中に巣箱をかけると、三〜四割は失敗に終わってしまう。卵がふ化しなかったり、天敵に襲われたりと原因はさまざまだ。自然樹洞ではもっと失敗するだろう。これが普通の野鳥である。しかし、実家の場合、これまで二十五回繁殖したが、失敗したのは二度くらい。他はすべて巣立っている。九割以上が成功だ。全世界に誇れる数値だろう。

住宅地だから天敵が少ないのでは？　と思われるかもしれないが、そういうわけではなさそうである。ハシブトガラスや野良猫などは、森よりも都会の方が圧倒的に多いし、シジュウカラのヒナを襲ったというのはよく聞く話だ。

餌がたくさんあるのでは？　と思われるかもしれない。しかしこれも違いそうだ。森に比べて住宅地では、餌資源は多くない。都会のシジュウカラは、ヒシバッタやハエの幼虫（蛆虫《うじむし》）、毛虫など、あまりおいしくなさそうな餌でヒナを育てる。とにかくなんでも与えるといった感じだ。一方、森のシジュウカラの場合、バッタや蛆虫をヒナにやることはまずない。かれらがヒナに与えるのは、ぷりっぷりのイモムシだ。実においしそうである。

ではなぜこんなに巣立ち率が高いのか。この謎を解くヒントは親の行動にあった。親といっても鳥ではなくて、僕の親のことである。

うちの両親はとにかく過保護。特に動物に対しては極端だ。巣箱は僕の手作りなのだが、雨漏りがしないかどうか、必ず父のチェックが入る。巣箱の屋根から少しでも水滴が入ろうものなら、隙間をガムテープでぐるぐる巻きにされてしまう。巣箱の底に空けた水抜き穴は、ほぼ意味をなさないほどだ。このおかげもあり、雨に濡《ぬ》れて卵がふ化しなかったトラブルはこれまで一度も起きていない。

一度巣箱の中にアリが大量に侵入し、メスが卵を温めるのを途中でやめてしまったことがあった。それからというもの、うちの父と母は毎年必ず巣箱の下にアリを駆除するための毒餌を設置。普通は家の中で使うアイテムなのだろうが、屋外であっても効果テキメンで、それ以来、実家の巣箱はアリの侵入を許したことは一度もない。

ある年はまた別の事件が起きた。シジュウカラのメスが巣箱の外でネコに狩られてしまったのだ。それでもオスはあきらめず、一羽でヒナに餌を運んでいたが、実に大変そうであった。その様子を見かねたうちの両親は、なんと、餌やりを手伝いだしたのだ。ホームセンターでミルワームを買ってきて、巣箱の近くに配置。すると、親鳥もそれに気づき、次々とヒナに運んでいった。そして無事、すべてのヒナが巣立つことになった。

天敵の接近にも敏感だ。実家のまわりには野良猫が多い。半径五十メートルほどの範囲に常に五匹はいるだろう。そんなネコが巣に近づくと、親は窓を開けて「シャーッ」と威嚇する。それでも逃げないと家を駆け出し、ほうきを振り回して「シッシッ！シャーッ！」と追い払うのだ。

うちの両親にはシジュウカラ語を教えてあるので、かれらの警戒声をたよりにネコに気づくことが多い。「ピーツピ、だからネコが来てる！　お父さん追い払って！」

と母が言うと、父はあわてて庭に出ていく。シジュウカラ語を理解する母と、ネコを追い払う父。素晴らしい連携プレーだ。

そんな両親ということもあり、実家の巣箱は毎年シジュウカラによる争奪戦だ。二月くらいに内見が始まるのだが、何羽ものシジュウカラが巣箱を見に来て、結局一番強いオスが縄張りを張ることになる。ちなみにシジュウカラの場合、巣箱の内見はオスの役割だ。いい巣穴を見つけると、メスをそこに誘い込み、巣作りを促すのが普通である。

その優良物件を二〇一八年から三年連続でおさえた優秀なオスがいた。チャールズ君だ。NHKの自然番組『ダーウィンが来た！』が実家の巣箱の取材に来たことがあり、その時出演したオスだったので、チャールズ・ダーウィンにちなんで名付けた。シジュウカラはどれも同じように見えるのだが、チャールズ君は右脚の指がかけているので、確実に見分けがつく。

観察していて驚いたのは、チャールズ君と両親との距離感だ。父が巣箱の真横で草むしりをしていても、まったく気にする様子はないし、警戒の声だってあげることはない。ネコやカラスが近くを通るとものすごく警戒するのに、うちの両親に対しては許容するというか、むしろ、かなり信頼しているように見受けられる。

公園なんかに行くと、たまにピーナッツで野鳥を餌付け、手乗りにする人なんかもいるが、そういうことをしたわけではない。チャールズ君は、うちの両親が危害を与えないことを知っているし、鳴き声を出せばネコを追い払ってくれることも覚えているに違いない。

そんなチャールズ君も、すべての繁殖がうまくいったわけではなかった。一年目は、卵の段階での失敗。メスは一生懸命に温めていたのに、ふ化の予定日を一週間以上過ぎても、音沙汰なし。ついにそのメスは卵を抱くのをやめてしまった。

それでも翌年また同じ二羽が戻ってきて、庭の巣箱を使ってくれた。そうすると今度は大成功。五月半ばに九羽のヒナを巣立たせると、六月にもまた繁殖を始め、七月にさらに九羽のヒナが巣立ったのだ。これは心からうれしかった。

そして三年目。チャールズ君は新しいメスを連れて戻ってきた。卵を抱くメスへの餌やりも、子育てもお手の物。新しい奥さんにもイクメンっぷりを発揮していた。その年も二度繁殖し、合計十八羽のヒナが巣立っていった。これでチャールズ君の子供の総数は三十六羽。「『ダーウィンが来た！』の次は『大家族スペシャル』なんかどうだろう」と実家のみんなは盛り上がっていた。

――そして今年も僕は巣箱を見に実家へと足を運んだ。

実家に戻ると、母が隣の家の人に何やら話しかけている。なぜか植木屋さんらしき人もいる。「なんだ？」と思って聞き耳を立てると、それは驚きの内容であった。

「今うちの巣箱でシジュウカラが繁殖していて、お宅の木から毛虫を運んでいるんです。今切られてしまうと、餌に困ってしまうので、二週間ほど待っていただけないでしょうか？」

隣人は、毛虫がたくさん付くから庭木を切り倒したいのかもしれないが……。シジュウカラ至上主義の母の言い分には、さぞかしビックリしたことだろう。

〜その後〜
隣の庭木は切られたが
近くの草地でカマキリの
卵塊がふ化！
ヒナたちはその幼虫で
無事、すくすくと
育ったそうです。

ヒナ救出大作戦

〝ピコン〟

いつもの森でシジュウカラの調査をしていたある日のこと。僕のSNS（エックス・旧ツイッター）のアカウントに一通のダイレクトメッセージが届いた。

差出人は〝クラッシュ・S〟さん。知らない人だ。クラッシュというくらいだから、格闘家か走り屋だろうか。僕はおそるおそるメッセージを開いた。

クラ　初めまして、突然すみません。野鳥のシジュウカラについて相談させていただきたいです。五月十四日前後に船に巣を見つけました。まだヒナが中にいるのですが近々少し離れた港に船を移動させなければなりません。巣立ちはまだ先だと思うのですが、このまま移動して親鳥は巣を見つけることができるでしょうか？　お時間がありましたら返信お願いします。

まったく、SNSのアカウント名なんて当てにならないものである。どうやらクラッシュさんは格闘家や走り屋ではなく、船乗りさん。それも、鳥の巣を見つけてどうしようと相談してくれる、とびきり優しい船乗りのようだ。

とはいえ、これは大変な事態である。一刻も早く、船の移動を止めないと、親子がバラバラになってしまう。だが、まずは状況確認。本当にシジュウカラなのか確認することが先決だ。

鈴木　移動してしまうと（親鳥は巣を）見つけることができないと思います。シジュウカラの巣で正しいですよね？　シジュウカラは空洞に巣を作るので。

一応、シジュウカラの写真も一緒に送って返信を待つ。シジュウカラの巣に気がつく人はあまりいないので、ひょっとすると他の鳥の見間違いではないかと思ったのだ。

すると、すぐに返事があった。

クラ　返信ありがとうございます。巣が筒状の機械の中にあるので、人間の手が届きませんせん。無理やり引っ張り出してしまうと怪我《けが》をしてしまうのではないかと思い、手を出せないままなのですが、餌などで出てきてくれるのでしょうか？

どうやら本当にシジュウカラのようである。ヒナたちの巣立ちまで、船の移動を延期してもらうことができればよいのだが……。

鈴木　餌では出てきません。ヒナの声は結構大きいですか？

クラ　今ヒナの状態を確認しました。白と黒の柄がハッキリとしていて嘴の黄色もなくなっていました。ヒナの声は大きいと思います。

よかった。それならもうすぐ巣立ちだろう。僕は安堵の胸をなで下ろし、返事を送った。

鈴木　それならもう二～三日で巣立つと思います。

するとまたすぐに返信があった。

クラ　船の移動が今夜なのですが、あと数日ヒナたちだけで生きていけますか？

なんてこった！　船は今夜、移動してしまうというではないか。ヒナにとっては絶体絶命のピンチである。巣立ってからも、親鳥に一か月以上は世話をしてもらうのだ。ヒナだけで生き延びられるはずがない。離れ離れになっては大変だ。なんとか出港のスケジュールを延期できないものだろうか？

鈴木　ヒナだけだと生きていけません。巣立ったあとも一か月ほどは親に餌をもらうので。

クラ　移動スケジュールが変えられないのでやはりどうにかして出させるしかありませんか？

どうしても出港日は変えられないようだ。となると、考えられる方法は一つしかない。——そう。シジュウカラ語を使ってヒナたちを巣の外へと誘導するのだ。「ジャージャー」という声であれば、ヒナたちを巣の外に脱出させることができるはずだ。この声は本来ヘビを見つけた時に親鳥が出す鳴き声。自然下では、ヘビからの攻撃を避けるために、ヒナを巣から緊急脱出させることが僕の研究でわかっていた（「大発見！　ヒナの力」参照）。しかし、そんな細かく説明している余裕はない。出港は今日の夜。一刻も早くクラッシュさんに音声ファイルを送って、ヒナたちを救出しなくては！

鈴木　そうですね。もしよろしければ、メールアドレスを教えてもらえませんか？ヒナを巣立たせる音声があるので、それを聞かせれば出てくると思います。少し早い巣立ちですが、その方がシジュウカラにとってはいいはずです。

そう送ると、クラッシュさんからすぐにメールアドレスが送られてきた。僕は即座に音声ファイルを添付して送る。

鈴木　この音声をヒナに聞かせてみてください。できれば夕方五時までに、ヒナの近くで、できるだけ大きな音で、ループで聞かせてみてください。

おそらくスマートフォンから音声を再生するだろうから、できるだけ大きな音量の方がいいだろう。そして、飛び出したヒナたちがまとまるまでの時間を考えると、タイムリミットは夕方五時といったところだ。僕は、「どうか、うまくいきますように」と、祈りながら返事を待った。

——ピコン。

通知がきた。クラッシュさんだ。先ほどのやり取りから一時間半ほど経っていた。

僕は急いでメッセージを開いた。

クラ　六羽は出てきましたが、三羽がなかなか出てきません。このまま続けて平気ですか？

巣立ちの予定日より二日くらい早かったのかもしれない。しかし、六羽飛び出したということは、この作戦でいけそうである。残りのヒナも無事に巣立てば、あとは親鳥がなんとか世話してくれるはずだ。

鈴木　船を移動したら死んでしまうので、続けるしかないです。もし飛べないヒナがいれば、近くの植木など茂った場所に移してやれば親が必ず見つけ出します。六羽出たなら、夕方までにみな巣立つかもしれません。

がんばれ、がんばれヒナたち！　スマホを握りしめながら祈る想いで返事を待つと、また〝ピコン〟と通知が鳴った。

クラ　送っていただいた音声で無事に残りの三羽も飛んでいきました！　あんな狭い空間に九羽も入っていたなんて驚きました。シジュウカラたちには申し訳ないことをしてしまったと思います。ありがとうございました！

よかった……本当によかった!!　ちゃんと飛べたということは、きっとこれで大丈夫。あとは親鳥がしっかり世話をしてくれるはずだ。僕はようやく安心した。

鈴木　よかったです！　おそらく自然の巣立ちより二日くらい早かったと思いますが、親はちゃんと世話をするので、大丈夫だと思います。

クラ　本当に何とお礼を申し上げればよいか！　ありがとうございました！　親は側《そば》にいて、ヒナが飛んだらまた側に飛んでいってを繰り返していました。ヒナたちは少しバラけてしまいましたがここから先は自然の世界、踏み込んではいけないかと思い、そのままにしてあります。船が離れてしまうのでもうこの場所に確認に来ることはできませんが、みな元気に育ってくれることを祈っています。鈴木様には本当に感謝です！

本当によかった。そしてクラッシュさん、本当にシジュウカラをよく観察されている。巣に気づいたのも、その細やかな観察の賜物《たまもの》だろう。メッセージからもその優しさが伝わってくる。シジュウカラもクラッシュさんに気づいてもらえて、本当に幸運だ。時計を見れば、時刻は夕方四時半。タイムリミットまでギリギリの時刻だった。

鈴木 初めはバラけますが、数時間でちゃんと群れになるので大丈夫ですよ！　これから約一か月、家族の群れで生活するので、もし港に戻る機会があれば、また会えるかもしれないですね！　とにかくよかったです。

クラ あと数時間で集まれるんですね！　よかったです、ほっとしました。まさか巣立ち音声があるとは思いもしなかったです！　そしてフォローさせていただきます！

僕もクラッシュさんをフォローした。

こうして、SNSのダイレクトメッセージから始まった、予想外の救出劇は幕を閉じた。ヒナたちは、「天敵が来たから巣を飛び出した」くらいにしか思っていないかもしれないが、実際には、クラッシュさんの優しさと、僕の鳥語研究、そしてSNSというツールが見事に結びつき、かれらの命は救われたのだ。見ず知らずの人同士でも、「助けたい」という強い気持ちがあれば、大きな力を生み出すことができる。SNS時代のすごさを実感した体験であった。

井の中の蛙

シジュウカラには言葉がある。研究を始めて五、六年過ぎた頃には、自然とそう思うようになっていた。空にタカが現れたら「ヒヒヒ」と鳴くし、ヘビを見つけたら「ジャージャー」と鳴く。仲間を呼ぶ時は「ヂヂヂヂ」だし、警戒を促す時は「ピーツピ」だ。それぞれ絶対に意味がある。

毎年六か月以上も一人で森にこもって、朝から晩まで鳥たちと暮らしてきたのだ。これくらいの言葉が理解できるのは当然だったし、そうでなくては生きていけない。森の中では、いつどこから天敵に襲われるかもわからないし、冬には飢餓のリスクもある。自然界は厳しいのだ。

いつしか僕はシジュウカラ語を手掛かりにタカやヘビを見つけ出すようになっていたし、鳴き声を聞くだけで鳥たちの行動や群れの動きを予想できるようになっていた。

シジュウカラにも言葉がある。これは、僕にとっては当たり前の話であった。

そんなある日、大学の図書館である本を読んでいて驚いた。そこには、「言語を持つのは人間だけだ」と明記されていたのである！

何を言っているのだろうと思い、他の本や論文を調べてみたが、書いてあることはどれも同じ。「動物の鳴き声は喜びや怒りといった感情を伝えるだけだ」とか、「単語を組み合わせる力は人間に固有な能力だ」とか、そういった内容が書き連ねてあるではないか。

まあ、読んでいたのが言語学の本だったからよくなかったのかもしれない。動物学者であれば、きっと僕と同じ考えを持っているに違いない。そう思い、まず開いたのはコンラート・ローレンツ博士（一九〇三〜一九八九年、オーストリア）の『ソロモンの指環』。動物学に志す僕たちのバイブルだ。

ローレンツ博士は動物行動学を確立した学者の一人であり、一九七三年にノーベル賞を受賞した世界が認める偉人である。僕は高校生の頃に本書を読んだことがあったが、「魔法の指環なんてなくても動物たちの会話を理解できる」という内容だったと記憶していた。

しかし、読み返してみるとちょっと内容は違っていた。ローレンツ博士が理解できるのは動物たちの〝気持ち〟である。ローレンツ博士も、鳥類の音声は遺伝的にプログラムされた本能的なものであり、生理的な情動変化を示すだけだと記していたのだ。

チャールズ・ダーウィン博士（一八〇九〜一八八二年、イギリス）はどうだろうか。ダーウィン博士といえば進化論の提唱者。生物は共通の祖先から徐々に異なる環境に適応し、さまざまな種類に分岐したと最初に唱えた学者である。ダーウィン博士は人間とサルが進化的に近い仲間であることに気づいていたし、両者のあいだに多くの共通点があることを見出《みいだ》していた。ダーウィン博士であれば、言語を人間に特有のものとは考えていないはずだ。

そう思ってダーウィン博士の著作も読み進めたが、彼の見解も他の学者と同じであった。ダーウィン博士は、『人間の由来』と題された本の中で言語の起源について考察していたが、言語は人間に固有の性質であり、サルをはじめ、他の動物たちの鳴き声は、数種の感情の表れにすぎないと捉えていたのである。

僕が森で見てきたことと違いすぎる。学者たちはみんな、どうかしちゃったのではないだろうか？　とにかく、他の文献も探っていく。一体いつから人間は、〝動物はしゃべらない〞と決めつけてきたのだろうか？

その答えは、アリストテレス（紀元前三八四〜三二二年、古代ギリシャ）の著した『政治学』という本にあった。アリストテレスといえば紀元前の有名な哲学者であるが、彼はその本の中で「動物の鳴き声は快か不快かを表すにすぎず、人間の言葉のように意味を持つものではない」と主張していたのである。

なんということだ……。紀元前から二千年以上ものあいだ、言葉を持つのは人間だけで、動物たちの鳴き声は感情表現だと決めつけられてきたのである。僕の尊敬してやまないローレンツ博士やダーウィン博士でさえ、そのように考えていた。身近な小鳥のシジュウカラにもこんなにいろいろな言葉があるのに、誰一人としてその存在に気づいていない。

僕は思った。

このままでは人類は「井の中の蛙《かわず》」である。他の動物たちの言葉に気づかずに、自分たちが言葉を持つ特別な存在だと思い込んでしまっている。

僕はカエルが好きなので、人類が「蛙」であることに特に問題は感じない。だが、「井の中」というのは大問題だ。カエルは虫を食べるので、井戸の中ではいずれ死に絶えてしまうだろう。井戸にいてよいのはオタマジャクシまでである。早急に助けなくてはならない!!

……そもそも、どうしてこういう状況になっているのだろうか? 冷静になって考えてみると、動物学者の責任も大きいと僕は思った。誰もろくに動物の鳴き声が言葉になっているのか調べてこなかったからである。いくら論文や本を読んでも、〝決定的な研究成果〟は見当たらないのだ。

唯一、ベルベットモンキーというアフリカの草原に棲むオナガザルの一種においては、〝言葉〟の存在を示唆する研究があった。かれらは遭遇した天敵の種類に応じて警戒時の鳴き声を変化させるとの報告である。ヘビには「ギギッ」、タカには「ゴゴッ」というように、鳴き分けるそうである。一部の研究者は、これらが「ヘビ」や「タカ」

を示す言葉だと考えていた。

しかし、よくよく調べてみると、ベルベットモンキーの研究には重大な指摘があった。それは、「『ギギッ』や『ゴゴッ』などの鳴き声は、『ヘビ』や『タカ』という意味の言葉なのではなく、ヘビには『敵対心』、タカには『恐怖心』というように、異なる感情が表れているだけなのではないか」というものだ。

落ち着いて考えてみると……なるほど。たしかに、その可能性もある。それでは、どちらの説明を信じたら良いのだろうか?

このような場合、できるだけ少ない仮定で現象を説明するように努めることが科学の鉄則。いわゆる〝思考節約の原理〟(あるいは、〝オッカムの剃刀《かみそり》〟)である。この原理があるおかげで、科学的な探究はとても厳格に進められるし、根拠のない好き勝手な解釈がまかり通ることがなくなるのである。

そして、この思考節約の原理に従うと、残念ながら、ベルベットモンキーの鳴き声も、言葉であるとは主張できない。「ヘビ」や「タカ」といった具体的な意味を持つ言葉ではなく、異なる感情の表れとして解釈できてしまうからだ。「なんてケチな原理なんだ!」と思われるかもしれないが、これは無視することのできない科学の鉄則。

そういうわけで、動物が言葉を持つことを示す決定的な証拠は、当時、一つもない状況だった。

しかし、証拠がないことは、ないことの証明にはならない。

大切なのは、動物の鳴き声が単なる感情の表れなのか、人間の言葉のように特定の意味を伝えているのかを区別する〝方法〟を考えだすことだ。もし、思考節約の原理に沿って考えても、具体的な意味を伝えているとしかいえない証拠を示せれば、動物にも言葉があることを証明できるはずである。

そして、これを成し遂げられるのは、世界中で僕しかいない！〝動物はしゃべらない〟という二千年以上にわたる史上最大の誤解を解き、井の中の蛙化した人類を救うため、僕は立ち上がったのだった。

シジュウカラに言葉はあるのか？

僕は、シジュウカラの多様な鳴き声の中には、〝言葉〟と呼べるものがいくつか含まれていると考えていた。なぜなら、シジュウカラは本当にたくさんの種類の鳴き声を持っているし、それらを状況に応じて使い分けているからだ。時には、異なる鳴き声を組み合わせることもある。すべての鳴き声が、笑い声や叫び声のような、単なる感情表現とは考えにくい。

もし、シジュウカラの鳴き声の中に一つでも言葉があることを証明できれば、「人間以外の動物には言葉がない」という、紀元前から続く誤解を解くことができる。しかし、シジュウカラの音声レパートリーは実に二百パターン以上。ただ漫然《まんぜん》と研究しても決定的な証拠にたどり着くのは難しそうだ。

いくつかの鳴き声に絞り込み、徹底的に研究する。そして、〝思考節約の原理〟に従っても、言葉であるとしか解釈できない証拠を見つけるべきである。

そこで注目したのは「ジャージャー」と聞こえる声だ。この声は、単なる恐怖心の表れではなく、「ヘビ」という特定の意味を伝えているとにらんでいた。

そう考えたきっかけは、シジュウカラは「ジャージャー」という鳴き声を、ヘビを見た時にしか出さないという観察だ。ハシブトガラスやホンドテン、モズといった他の天敵には、絶対にこの声は使わない。天敵に遭遇したことによる警戒心や恐怖心の表れとは考えにくい。

この観察を確かめるため、二〇一〇年六月に、巣箱で繁殖している二十四つがいのシジュウカラに様々な天敵のモデルを見せてみた。すると、結果は予想通り。ハシブトガラスやホンドテンには「ピーツピ」や『ピーツピ・ヂヂヂヂ』と鳴く一方で、アオダイショウを見せた時だけ「ジャージャー」と変わっていたのだ。

鳴き声の意味を調べるには、聞かせてみるのが一番だ。そう思い、二〇一一年六月、巣箱で繁殖した親鳥に、「ジャージャー」をスピーカーから聞かせてみた。親鳥が巣箱の近くに来たタイミングで、ヘビは見せずにスピーカーから鳴き声だけを聞かせてみたのだ。

すると、親鳥は驚きの行動を見せた。「ジャージャー」と聞くと、なんと巣箱の周りで地面をじっと見下ろしたのだ。十四つがい、二十八羽のシジュウカラに実験したが、そのすべてが地面を向いた。スピーカーは巣箱と同じ高さにセットしたので、そちらを見ているわけではない。

実験を続けると、興味深い行動をするシジュウカラも現れた。四つがいのシジュウカラは、地面を確認した後に、巣箱の入り口に止まり、おそるおそるその中をのぞいたのである。

「警戒心や恐怖心などの感情が伝わるだけでは、こんな行動はしないだろう。『ジャージャー』を聞いたシジュウカラは〝近くにヘビが潜んでいる〟と思い込み、地面や巣箱の中を探しているに違いない」と僕は思った。

熱心な読者であれば、「『ジャージャー』はヒナを巣箱から脱出させるための号令なのでは？」と思われるかもしれない（「大発見！　ヒナの力」参照）。そうなのだ。実際、巣立ち間近のヒナたちは、この声を聞くと一斉に巣箱を飛び出す。巣箱に侵入してくるヘビへの対抗手段である。しかし、研究を進める中で、ヒナがまだ幼く羽毛が生えていない時期であっても、親鳥はヘビを見つけると「ジャージャー」と鳴くことがわかったのだ。これは、ヒナの脱出を促すというより、つがい相手にヘビの存在を知らせるために鳴いていると考えられる。

以上、実験からわかったことを整理すると次の通りである。

結果1．シジュウカラはヘビを見た時にだけ特別に「ジャージャー」と鳴く

結果2．録音した「ジャージャー」をスピーカーから聞かせると、巣箱の周りの地面を見下ろす

では、これらの結果から、「ジャージャー」は「ヘビ」という意味の言葉だと十分に主張できるだろうか？

一見すると、言葉にみえる。「ジャージャー」は人間の言葉でいうところの〝名詞〟、つまりモノを示す言葉といえるのではないか。

しかし、結論を出すのはまだ早い。思考節約の原理に従えば、もっと単純な説明もできる。シジュウカラはヘビを見ると〝特別な恐怖〟を感じ、その感情から「ジャージャー」と鳴いているだけかもしれないからだ。そして、それを聞いたつがい相手は、何も考えずに反射的に地面や巣箱の中を見ているだけかもしれない。

人間の場合、言葉とは、その意味のイメージを聞き手の頭に思い描かせるものである。たとえば、「リンゴ」と聞いたら頭に赤くて丸い果物を思い起こすし、絵に描くことだってできる。名詞はモノや出来事のイメージを、動詞は動きのイメージを、形容詞は様子や状態のイメージを伝える言葉である。

もし「ジャージャー」が「ヘビ」を意味する言葉であれば、それを聞いたシジュウカラは、頭にヘビをイメージしているはずだ。そしてそれを示せれば、シジュウカラにも言葉があると主張できるはずである。

でも、どうやったらシジュウカラの頭の中をのぞくことができるだろうか？　たとえば、脳活動を見てみるのはどうだろう？　機能的磁気共鳴画像法（ｆＭＲＩ）という技術を使えば、動物を傷つけることなく脳活動を測定できる。ひょっとしたら、「ジャージャー」と聞いた時、ヘビを思い起こしているかわかるかもしれない。

しかし、ｆＭＲＩを野鳥に使うのは難しい。まず、鳥の脳は小さすぎて解像度が足りないのだ。これについてはいずれ技術が追いつくかもしれないが、もう一つ厄介な問題がある。それは、ｆＭＲＩの被験者は、装置の中で決して動いてはいけないという制限だ。ちょっとでも動いてしまうと大きなノイズが出てしまい、脳活動を検出できなくなってしまう。シジュウカラを捕まえてきて装置に入れて、「じっとしていてください」なんてお願いしても、無理に決まっているではないか……。僕がシジュウカラ語を理解できても、シジュウカラは僕の言葉を聞いてはくれない。現在のところ、ｆＭＲＩが成功しているヒト以外の動物は、よくしつけられたイヌくらいなのである。

僕は、来る日も来る日も、毎日のように考えた。「ジャージャー」という声を聞いたシジュウカラがヘビをイメージしていることを、どうやったら証明することができきるだろうか？

動物は言葉を持たないという固定観念を覆すまであと一歩のところまで来ている。しかし、その一歩を踏み出すためのアイデアがどうしても思い浮かばない……。

――考え続けて二年以上が経ったある日のこと。突然、一つのアイデアが頭に浮かんだ。それは、動物の言葉を証明するための、前代未聞の新しい実験方法であった。以下、次話へつづく！

実験用装備

学生時代はレンタカーを借りる余裕もなく
毎日この大荷物で 森の中を15kmくらい
歩いていた…。 がんばった!!

「ジャージャー」はヘビ！

――それは突然のひらめきだった。その日はめずらしく午前中に調査が終わり、昼過ぎには森から宿に戻っていた。「こんな日はごろ寝に限る」と部屋の窓を開け、五月の軽井沢のさわやかな風を感じつつ、横になろうとしたその時、突然、頭に閃光《せんこう》が走ったのだ。

僕は外へと駆け出し、辺りを見回した。そして、二十センチほどのまっすぐな〝木の枝〟を見つけて手に取り、確信した。

「これで世界が変わる。アリストテレス以来、二千年以上にわたって信じられてきた『動物は言葉を持たない』という固定観念を、打ち砕くことができるはずだ！」

人間の場合、〝言葉〟は意味を伝えるだけでなく、モノの見え方を変えてしまうことがある。たとえば、心霊写真。「ここに顔があるよ」とか「ほら、ここに手が写っている」と言われると、実際は幽霊なんか写ってなくても、あたかもそのように見えてしまうことがあるだろう。

この時、僕たちの頭の中で起きているのは、言葉による見間違いだ。「顔」や「手」という言葉から、その視覚的なイメージを頭に思い描き、それを写真に当てはめて、木目や石ころなど、普段はそう見えないモノを幽霊と見間違えてしまうのだ。

もし、シジュウカラの「ジャージャー」が「ヘビ」を意味する〝言葉〟になっているのであれば、それを聞いたシジュウカラは、ヘビをイメージしているはずだ。そして、もしそうであれば、普段はヘビに見えないモノをヘビと見間違えたりしないだろうか。

そこで、この〝木の枝〟だ。木の枝であればそこら中に転がっているので、普段、シジュウカラにとっては気にする物ではないだろう。しかし、「ジャージャー」と聞かせてみたらどうだろう。ヘビと見間違えるかもしれない。木の枝に紐《ひも》を付け、それでちょこっと動かしてみたら、なおさら見間違えてくれそうだ。

僕はスピーカーと黒い紐、そして一本の木の枝を持って森へと向かった。言葉を証明するための〝見間違い実験〟の始まりだ。

森に着くと、さっそくシジュウカラのつがいを見つけた。まず、このつがいに実験してみよう。僕は、木の枝の先端に黒い紐を結びつけた。そして、その紐をまっすぐ立った木の幹の枝分かれした箇所に引っ掛けた。これで、紐を引っ張れば、枝を木の幹の下から上へと這わせることができるはずだ。

普通に見たら木の幹に沿って動くただの枝にすぎないが、「ジャージャー」を聞かせながら見せてみたら、ヘビと見間違えるのではないだろうか。スピーカーを枝から三メートルほど離れた木にセットして、さっそく実験開始である。

「ジャージャー、ジャージャー、ジャージャー……」と声を流すと、すぐにシジュウカラのつがいがスピーカーに近づいてきた。ちょうど枝が見える位置に来たところで、今度は紐を引っ張り、木の枝を幹に沿ってゆっくりと引き上げた。

すると、二羽のシジュウカラはすぐに枝の方に近づいてきたのである！　まるで正

体を確かめるかのように、枝を見ているではないか。まさに、思った通りの行動だ！

――僕は自分が怖くなった。毎日シジュウカラを見ていたせいか、〝こういう実験をしたらこう動く〟というのを、かなりの高精度で予想できるようになっていたのだ。しかも、今回は見間違いを利用した新しい実験。誰もやったことがない世界初の試みである。もちろんシジュウカラにとっても「ジャージャー」を聞きながら這う枝を見るなんて初めての体験だろう。それにもかかわらず、僕はシジュウカラの反応を正確に予想できた。もはや前世はシジュウカラなのではないかという疑いまで出てくるほどだ。

それと同時に頭に浮かんだのは、〝大・発・見〟の三文字だった。「ジャージャー」を聞いたシジュウカラは、頭の中でヘビの姿をイメージしているはずである。そして、そのイメージをたよりに視界の中からヘビを探したから、木の枝をヘビと見間違え、確認したに違いない。つまり、「ジャージャー」は「ヘビ」を意味する〝言葉〟になっているはずだ！

一分ほどすると、ヘビではないと気づいたのか、二羽のシジュウカラは枝から離れて別の場所に飛んでいった。双眼鏡で追うと、近くの茂みや地面をくまなく探している。どこに本物のヘビが潜んでいるのか、探索しているように見えた。

シジュウカラにとって、「ジャージャー」と聞こえてきたら、まずどこにヘビがいるのかを確認することが重要だ。シジュウカラの天敵であるアオダイショウは地面や木の幹に隠ぺい的な色をしていて、決して目立つものではない。どこにいるのかを確認した上で、追い払うべきか、距離を置くべきか、対策を考えるのが妥当である。だから、木の枝に近づいたのだ。

この発見を論文にするにはどうしたら良いだろうか。どんな反論にも耐えうる、非の打ち所のない実験計画を練らなくてはならない。僕は、考えうる反論を自分自身で考案し、一つひとつ検証していくことにした。

たとえば、どんな鳴き声を聞いたかに関係なく、シジュウカラは這う枝を見たら近づく可能性がある。その場合、「ジャージャー」が特別にヘビをイメージさせる声だとはいえないだろう。

そこで僕はヘビ以外の天敵を追い払う際に出すシジュウカラの声（ピーツピ・ヂヂヂヂ）や仲間をただ集めるために出す声（ヂヂヂヂ）を聞かせながら、幹を這い上がる枝を見せてみた。

すると、いずれの鳴き声を聞かせた場合も、シジュウカラは幹を這わせた木の枝に近づくことはなかった。三メートルという近距離で、目の前で同じように枝を動かしているにもかかわらず、まったく気にしないのだ。

シジュウカラは「ジャージャー」を聞いた時にだけ動く枝を確認し、他の声を聞かせた場合は同じ枝でも無視をする。この結果はまさに「ジャージャー」が「ヘビ」を意味する言葉になっていて、聞き手のシジュウカラにヘビのイメージを思い起こさせたことを示している。

しかし、まだ検証しなくてはならないことがある。たとえば、とても疑い深い人はこう言うだろう。「ジャージャー」は聞き手のシジュウカラにヘビのイメージを想起させるものではなく、単に「好奇心」を高める作用を持っている。そして、「ジャージャー」を聞いて好奇心の高まった状態のシジュウカラは、ヘンな動きをする木の枝に近づいていっただけだと。

そこで僕は、同じ枝を別の動きで動かして見せてみることにした。今度はヘビにはまったく似ていない、左右に大きく揺らす動きだ。もし好奇心によるものならば、「ジャージャー」を聞いた時、この枝の動きにも近づいてしまうだろう。

さっそく実験してみると、こちらも結果は思った通り。「ジャージャー」を聞かせてみても、他の声を聞かせてみても、左右に揺れる木の枝にはシジュウカラは〝近づかなかった〟のである。つまり、〝枝の動きがヘビに似ている時〟にだけ、「ジャージャー」を聞くと近づくのだ。これは、単なる好奇心の高まりでは説明できない。シジュウカラは「ジャージャー」という鳴き声を聞くと、視界からヘビに似たものを探し出し、確認しに行っているに違いない。つまり、ヘビの姿をイメージしているということだ。

最後にもう一つ実験を加えた。シジュウカラの天敵のアオダイショウは、木の幹を這い上がるだけでなく、当然のことながら、地面も這う。だから、地面の上で木の枝を這わせる実験も試してみた。

こちらも結果は予想通り。「ジャージャー」を聞かせた時だけ、地面を這う枝に接近し、確認することがわかったのだ。

実験計画は固まった。あとはたくさんのシジュウカラの協力を得て、遂行するのみである。この研究が完成すれば、ついに二千年以上信じられていた〝人間のみが言葉を持つ〟という常識を覆すことにつながるはずだ。何年かかっても構わない。僕の人生をこの実験に捧《ささ》げよう！

それから僕は何度も何度も、鳴き声で鳥たちを集めて、枝を動かし見せていった。実験をしたのは五月。すでにアオダイショウが冬眠から目覚めていて、シジュウカラはつがいになっている季節である。六月になるとシジュウカラの親鳥は子育てに慌ただしくなるし、そのうちヒナも巣立ってくるので条件を統一できない。なので、この実験ができる時期は毎年一か月ほどしかないのだ。もちろん一年では終わらないので、毎年五月になるとこの実験をするようになっていた。

実験をしていてわかったのだが、シジュウカラを騙せるのは一羽につき一度きり。いったん枝だとバレてしまうと、もう一度騙そうと思ってもうまくいかないのである。人間の場合も「ほら、ここに顔がある！」などと言われると、初めは写真を心霊写真と見間違えることがあるが、もしそれが木の影など幽霊でないものだと気づけば、その後、騙されることはないだろう。シジュウカラの場合もそれと同様なのだ。そんなこともあり、実験は一羽につき一度きりとした。これは、研究当初にたくさんのシジュウカラに色足環をつけ、個体を識別できるようにしていたからできたことだ。

そして二〇一七年五月、ようやく僕はすべての実験を終えた。気がつくと、実験を始めてから四年の月日が流れていた。結果はとてもクリアなものだった。八十四羽のシジュウカラからデータを得たが、本当に予想通りの結果が得られた。

ここまできて、ようやくシジュウカラの鳴き声にも〝言葉〟があると証明できた。「ジャージャー」という声を聞いたシジュウカラは、頭にヘビのイメージを思い描き、それを用いて視界の中からヘビのようなものを探す。だから、ヘビのような動きをする枝を、ヘビと見間違えて確認してしまうのだ。つまり、「ジャージャー」はヘビを示す〝名詞〟のようなものだといえる。

これはすごい発見である！　それまでにも、多くの動物学者がベルベットモンキーやミーアキャット、プレーリードッグ、ハンドウイルカなどの鳴き声を調べてきた。しかし、ある鳴き声が内的な感情ではなく、外的な対象物を指示し、聞き手にそのイメージを想起させることを明らかにした例は一つもなかった。僕の研究が、初めてそれを証明したのである。

僕はさっそく論文にまとめ、米国科学アカデミー紀要（ＰＮＡＳ）という学術誌に投稿した。ＰＮＡＳといえば、科学者の憧れの一流学術誌。審査はとても厳しいことで有名だ。本当にインパクトの大きな研究だけが厳選され掲載されるが、僕には自信しかなかった。

一か月後、論文の審査結果が戻ってきた。

その内容を読んでみると、三人の審査員が声を揃えて「エレガント!!」と大絶賛！　改訂はほぼなく、論文はそのまま受理に至った。それまでにも数多くの論文を投稿してきたが、こんなに褒められたのは人生で初めてであった。うれしすぎて、それからしばらくは「エレガント鈴木」と名乗っていた。

快進撃はそれだけにとどまらなかった。ＰＮＡＳの掲載号の表紙はなんと、シジュウカラ！　「ジャージャー」を聞いてヘビを探しているシジュウカラのどアップ写真を送ったところ、見事、表紙に選ばれたのだ。

論文公開後の反響もすさまじく、サイエンス誌やナショナル・ジオグラフィック誌をはじめ、国内外の様々なメディアから取材が殺到した。僕の斬新な実験手法と日本のシジュウカラは、この研究で一躍有名になったのだった。

シジュウカラは文を作る

シジュウカラは文を作って会話する。僕の中では常識だった。しかし、それを証明するには本当にたくさんの実験が必要だった。

初めて気づいたのは修士課程一年の夏。軽井沢の森でシジュウカラの子育てについて研究していた時のことだ。ヒナの数をかぞえようと、ある巣箱に近づくと、背後から激しい鳴き声が聞こえてきた。

「ピーツピ、ピーツピ、ピーツピ・ヂヂヂヂ！」

親鳥が僕に威嚇しているとすぐにわかった。大きな動物が自分たちの巣箱の前で何か怪しい動きをしているのだから、当然の行動だ。ヒナたちを守るため、僕を追い払うべきである。「ヒナの数をかぞえるだけだから……」と言いたいが、そんな思いはシジュウカラに通じるはずもなく、僕は急ぎ足で巣箱を離れた。まんまと追い払われたわけである。

離れてからも「ピーツピ・ヂヂヂヂ、ピーツピ・ヂヂヂヂ……」と警戒の声はしばらく続いた。その様子を観察していて、僕は「ハッ！」と気がついたのだ。この親鳥、二つの単語を組み合わせている！

それまでの観察から、シジュウカラの出す鳴き声のうち、いくつかについては、その意味がある程度わかっていた。

「ピーツピ」と聞こえる声は、仲間に注意を促す声。ハシブトガラスやオオタカなど、天敵になりうる動物を見つけた時に、「ピーツピ！」と鋭く発する。巣に近づいた人間やネコに対してもそう鳴くことがある。この声を聞くと、周りのシジュウカラは、どこに危険が迫っているのか確認すべく、左右に首をキョロキョロと動かす。無理やり人間の言葉にすると「警戒しろ」といったところだ。

一方、「ヂヂヂヂ」と聞こえる声は「集まれ」という意味だ。たとえば、群れの仲間を餌場に呼ぶ時、よくこの声を出す。また、群れの仲間やつがい相手とはぐれてしまったシジュウカラも、この声を繰り返し発する。実験的に、「ヂヂヂヂ」をスピーカーから流してみると、それを聞いたシジュウカラはすぐ音源に寄ってくる。

そういうわけで、「ピーツピ・ヂヂヂヂ」は「警戒して・集まれ」という意味だとすんなりと理解できたのである。二つの単語が連なった〝二語文〟といったところだ。

その後、研究を続ける中で、シジュウカラが「ピーツピ・ヂヂヂヂ」の組み合わせを他の状況でも使うことに気がついた。

それは、修士課程一年の冬のこと。餌場でシジュウカラの群れを観察していたら、近くにモズのオスが飛んできたのだ。モズは、体長二十センチほどの鳥だが、〝小さな猛禽〟との異名を持つ狩りの名人。カナヘビやトカゲ、スズメなどを鋭い爪と嘴で襲う。普段は農耕地や公園など開けた草地にいるが、時々、シジュウカラの棲んでいる森にもやってくることがあった。

そのモズは木の枝に止まると、尾羽をぐるりと回して、いよいよ狩りをしようとい

う意気込みであった。「これはマズい。みんな逃げろ！」と心の中で叫んだ瞬間、一羽のシジュウカラが「ピーツピ・ヂヂヂヂ、ピーツピ・ヂヂヂヂ……」と繰り返し鳴きだしたのだ！

その声をきっかけに、シジュウカラやコガラ、ヤマガラなどが次々と集まってきて、モズの周りを取り囲んだ。そして、枝から枝へとすばやく飛び移り、左右の羽を交互にすばやくパチパチと上げ下げして、モズに威嚇を始めたのである。

そして、一、二分もすると、モズは「こりゃたまらん」と言わんばかりにどこかへと去っていった。

シジュウカラ一羽では到底モズには敵《かな》

わない。しかし、仲間と一緒に群がって、機敏な動きで威嚇すれば、森からモズを追い返すことができるのだ。これは鳥類学者がモビング（mobbing）と呼んでいる集団行動。本では読んだことがあったが、実際に目の前で見るとその迫力に圧倒される。

そして思った。やはり、「ピーツピ・ヂヂヂヂ」は「警戒して・集まれ」という二語文で間違いない。モズなどの天敵を追い払うため、仲間を集める号令なのだ。


これをいつか証明したいと、僕はずっと考えていた。なぜなら、多くの言語学者は、〝単語を組み合わせる力〟こそが人間に特有なものだと論じていたからである。

音声を組み合わせる動物はヒト以外にも古くから知られてきたが、それらは意味を持つ音声（単語）の組み合わせとはいえない。たとえば、「ホーホケキョ」というウグイスのさえずりも、「ホー・ホ・ケ・キョ」という四音から成り立つが、それぞれの音に個別の意味があるわけではないのである。フレーズ全体として〝縄張りの主張〟という機能を持つものなのだ。より身近な例でいえば、「ウー・ワン・ワン」というイヌの声。これも、フレーズ全体として〝威嚇〟の意味。音は組み合わさっているものの、意味の組み合わせにはなっていないのだ。

だから、単語を組み合わせて文を作る能力こそが人間とその他の動物を隔てるものだという主張は、言語学者だけでなく、動物学者の間でも共通の認識だった。

しかし、シジュウカラの「ピーツピ・ヂヂヂヂ」はそういうわけではない。意味を持つ二つの鳴き声が組み合わさっているではないか。これはまさに〝文〟である。

僕はシジュウカラの作文能力の存在を証明するため、コツコツ研究を積み重ねていくことにした。

まずは、どのシジュウカラも天敵を追い払う号令として「ピーツピ・ヂヂヂヂ」と鳴くかどうか確認しなくてはならない。

そこで、シジュウカラの巣箱の前にホンドテンの剝製を置き、親鳥の行動を観察した。ホンドテンは卵やヒナを襲う天敵。親鳥たちは追い払わなくてはならないはずだ。たくさんの巣箱の前で実験を繰り返すと、結果は予想通り。ホンドテンの剝製を見たシジュウカラは、どの個体も「ピーツピ・ヂヂヂヂ」と組み合わせたのだ。

さらに、モズとの遭遇時に「ピーツピ・ヂヂヂヂ」と鳴くことも観察と実験で確かめた。シジュウカラがモズと遭遇した時に鳴き声を録音したり、餌台の隣にモズの剝製を置いたりして、それを見つけたシジュウカラが「ピーツピ・ヂヂヂヂ」と鳴くことを確かめたのだ。

ホンドテンにもモズにも「ピーツピ・ヂヂヂヂ」と鳴くのだから、特定の天敵の種類を示す名詞ではなさそうだ。やはり「警戒して・集まれ」という号令になっているのだろう。

次に調べたのは、「ピーツピ・ヂヂヂヂ」という声を聞いたシジュウカラが、「警戒」と「集まれ」の両方の意味を理解しているかである。もし、「ピーツピ・ヂヂヂヂ」が「警戒して・集まれ」という二語文になっているならば、「ピーツピ」には警戒、「ヂヂヂヂ」には接近、「ピーツピ・ヂヂヂヂ」にはその両方の行動で反応するはずだ。

二〇一二年六月、巣箱を利用して繁殖した二十一つがいのシジュウカラに、録音した鳴き声をスピーカーから聞かせる実験をおこなった。シジュウカラは通常、「ピーツピ、ピーツピ、ピーツピ……」、「ヂヂヂヂ、ヂヂヂヂ、ヂヂヂヂ……」、「ピーツピ・

ヂヂヂヂ、ピーツピ・ヂヂヂヂ、ピーツピ・ヂヂヂヂ……」と同じ声を繰り返して鳴く。なので、自然な頻度でこれらの声が繰り返される音声ファイルを作成し、実験に使った。また、鳴き声を聞かせなかった時の普段のシジュウカラの行動を測定するため、鳴き声を含まない背景音のファイルも用意した。

まずは、「ピーツピ」と聞かせてみた。すると、シジュウカラは頭をキョロキョロと左右に振り、あたかも警戒対象を探すようなしぐさを示したのだ。やはり「警戒しろ」という意味になっている。

次に、「ヂヂヂヂ」と聞かせると、シジュウカラはスピーカーのすぐ近くまで近づいてきた。二メートル以内まで接近するのがほとんどだ。やはり「集まれ」という意味になっている。これは大学の卒業研究でも調べたが、思った通りの結果である。

そして、「ピーツピ・ヂヂヂヂ」の組み合わせ。この声を聞かせてみると、シジュウカラはキョロキョロと左右に首を振りながら、スピーカーに近づいてきたのである。「警戒と集合の両方の意味を認識している！」と僕にはわかった。もし本当にモズやホンドテンがいたら、追い払いに行くに違いない。

ここまでで、「ピーッピ」と「ヂヂヂヂ」が組み合わさると、その意味も合成されることがわかった。しかし、これで本当に〝シジュウカラは文を作る〟といえるだろうか？

人間は単語を組み合わせて文を作る時、ある文法のルールに従って単語を並べていく。そして、聞き手もそのルールに基づいて文の意味を理解する。もしシジュウカラの「ピーッピ・ヂヂヂヂ」が二語文であるならば、シジュウカラも人間のようにルールを使って鳴き声を組み合わせ、語順に基づいて意味を理解するはずだ。

思い返すと、シジュウカラは「ピーッピ・ヂヂヂヂ」とは鳴くが、「ヂヂヂヂ・ピーッピ」と鳴いたのは聞いたことがなかった。僕は、それまでに録音したシジュウカラの音声を再度確認してみた。だが、案の定、「ピーッピ・ヂヂヂヂ」はあっても、「ヂヂヂヂ・ピーッピ」は見つからない。つまり、シジュウカラは「警戒→集合」という語順のルールに従って、鳴き声を組み合わせているのである。

それでは聞き手のシジュウカラはどうだろうか。語順を認識して、意味を理解しているのだろうか？

そこで、二〇一五年秋、僕はもう一つの実験をおこなった。「ピーッピ・ヂヂヂヂ」

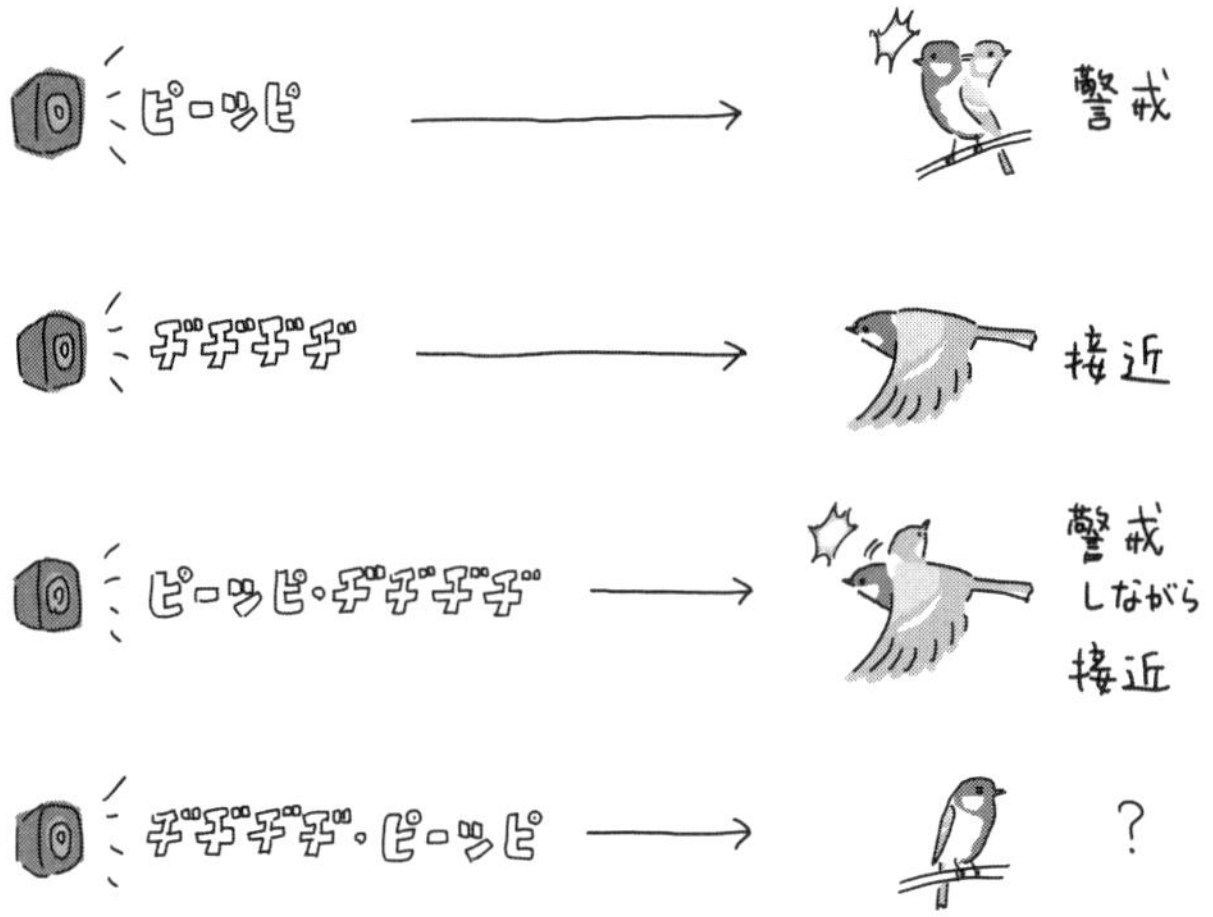

を聞かせる場合と、反転させた「ヂヂヂヂ・ピーッピ」を聞かせる場合でシジュウカラの行動に違いがあるか調べてみたのだ。僕はいつもの軽井沢の森の中、シジュウカラの群れを見つけて、それら二種類の音声を聞かせていった。

「ピーッピ・ヂヂヂヂ」の再生音を聞くと、シジュウカラは首を左右にキョロキョロしながら音源に近づいた。以前に観察したのと同じである。一方、「ヂヂヂヂ・ピーッピ」と語順をひっくり返して聞かせると、首を左右に振る数も大幅に減少し、スピーカーにもほとんど近づいてこなかったのだ。

合計三十四個の群れに実験したが、ど

の群れのシジュウカラもほぼ同じ反応だった。つまり、シジュウカラは語順を認識した上で「ピーツピ・ヂヂヂヂ」の意味を理解していることがわかったのである。

僕はデータを解析し、さっそく論文にまとめた。鳥だって文を作れる。これは、動物学や生物学にはとどまらない大きな成果に違いない。一流の総合科学誌、ネイチャー・コミュニケーションズ誌に投稿することにした。

およそ半年後、論文の審査結果が返ってきた。すべての審査員が「すごい研究！」と大絶賛。論文は見事受理され、掲載されることになった。

論文の反響はそれまでに発表したどの論文よりも大きなものだった。まず、ネイチャー誌にその週の〝ベスト論文〟に選ばれ、大きく報じられたのだ。そして、日本のシジュウカラには文を作る力があるという発見は世界中を駆けめぐり、各国の新聞やテレビ、ウェブニュースをしばしの間にぎわせた。

なかでも印象的だったのはフィンランドのテレビ番組。日本のシジュウカラの「ピーツピ・ヂヂヂヂ」をフィンランドのシジュウカラが理解できるか調べてみたいと連絡をいただいた。「それはぜひ調べていただきたい」と僕は二つ返事で協力を承諾し、音声ファイルをメールで送った。送ったのは正しい語順の「ピーツピ・ヂヂヂヂ」と反転させた「ヂヂヂヂ・ピーツピ」だ。

およそ一週間後、フィンランドのテレビ局からメールが届いた。「驚きの結果です！フィンランドのシジュウカラも、日本のシジュウカラの鳴き声の語順を認識できるようで、かなり面白い映像が撮れました！」と、丁寧に動画まで送られてきた。

パソコン上で動画を開くと、すでに放送用に編集されたものであった。その動画は、フィンランドの鳥類学者とタレント二人が、スピーカーを持ってシジュウカラを探している様子から始まった。ナレーションも出演者もすべてフィンランド語で話しているので、僕には何を言っているのかさっぱりわからない。だが、ワクワクしている様子だけは十分なほどに伝わってくる。

しばらくすると、鳥類学者がシジュウカラを見つけ、木にスピーカーをセットした。さあ、いよいよだ。僕が送ったシジュウカラ語を流す実験が始まった。

「ピーツピ・ヂヂヂヂ、ピーツピ・ヂヂヂヂ……」と流れると、フィンランドのシジュウカラが首をキョロキョロしながらスピーカーのすぐ近くまでやってきた。日本のシジュウカラとそっくりの反応である。ひょっとして本当に理解しているのだろうか？

次のシーンは語順を反転させた声である。「ヂヂヂヂ・ピーツピ、ヂヂヂヂ・ピーツピ……」とスピーカーから音声が流れる。すると、シジュウカラは周りにいるにもかかわらず、スピーカーに寄ってくることはなかった。こちらも日本のシジュウカラの反応にそっくりだ。

もちろん、これをちゃんとした研究にするには、もっとたくさんの実験が必要である。しかし、非常に興味深い。どうして日本のシジュウカラの声がフィンランドのシジュウカラにも通じたのだろうか？

僕はこの謎を解くべく、ヨーロッパのシジュウカラの鳴き声をインターネットで検索した。世界中のバードウォッチャーが録音した鳥の鳴き声のデータを、次々とアップロードしていくウェブサイトがあるのだ。そこでいくつかの鳴き声を調べてみると、どうやらヨーロッパのシジュウカラにも鳴き声を組み合わせる能力がありそうだということがわかってきた。しかも、語順のルールもありそうだ。「ピーピー・ジュジュジュ」。少し日本のシジュウカラとは響きが違うが、「ピーピー」が先、「ジュジュジュ」が後、という決まりがあるようで、「ピーツピ・ヂヂヂ」となんとなく似ている。だから鳴き声に正しく反応できたのではないだろうか。

僕は番組のフィンランド語を一つも理解できなかったのに、フィンランドのシジュウカラは日本のシジュウカラの言葉をぼんやりと理解できるのかもしれない。真相はまだ明らかでないが、文法能力は日本のシジュウカラ以外の鳥にも見つかるかもしれないとワクワクしたのを覚えている。

ルー語による文法の証明

シジュウカラには鳴き声を組み合わせて文を作る力がある。その語順にはルールがあって、ひっくり返して聞かせてみると正しく意味が伝わらない。——となると、シジュウカラにも〝文法能力〟があるのではないか、ということになる。

言語学者のいうところには、人間の文法能力とはとても柔軟なものだそうだ。僕たちは初めて聞いた文章でも、瞬時に文法のルールを当てはめて正しく理解することができるからだ。単に語順を区別しているだけではないのである。

たとえば、今あなたが読んでいるこの本も、すべて初めて経験する単語の連なりに違いないが、一つひとつの単語の意味を知っていれば、文法のルールを当てはめて理解することができるはずだ。

シジュウカラの場合はどうだろうか。かれらも文法のルールを当てはめて、新しい文でも正しく理解できるのだろうか？

僕は〝できる〟と予想していた。なぜなら、僕はシジュウカラの鳴き声の組み合わせを「ピーツピ・ヂヂヂヂ」以外にもたくさん確認していたからだ。「ヒッヒッ・ヂヂヂヂ」や「チュピピ・ヂヂヂヂ」など、その数は実に二百パターン以上。録音すればするだけ、どんどん新しい組み合わせが見つかるのだ。それらすべてが異なる意味を伝えているのかは定かではないが、それほどに多様な鳴き声を理解するには、人間のように柔軟な文法能力が必要だろうと思っていた。

シジュウカラに〝新しい文〟を聞かせてみて、文法のルールを当てはめて理解できるか調べてみたい。そうすれば、シジュウカラに柔軟な文法能力があるかどうか、確かめることができるはずだ！

しかし、ここで僕は大きな壁にぶち当たった。シジュウカラにとって、〝新しい文〟とは一体どんな声なのだろうか？

野外調査で長い時間をかけてシジュウカラの鳴き声を録音していると、「今のはこれまでに聞いたことのない、新しい鳴き声の組み合わせだ！」と興奮する瞬間は何度もあった。しかし、それらの音列は、偶然、僕がそれまでに録音できていなかっただけで、シジュウカラたちはすでに使っているものなのだ。僕にとっては新しくても、シジュウカラにとっては新しい文ではない。

それでは、僕が録音した鳴き声を編集し、これまでに録音されていない音列へと組み替えて聞かせてみるのはどうだろう？　一見よさそうな案ではあるが、よくよく考えてみると、それでもやはりうまくいかない。まず、これまでに聞いたことのない組み合わせを作ったとしても、それは僕が録音できていないだけであって、シジュウカラはどこかでその音列を使っているかもしれないからだ。さらに、もし本当にシジュウカラがその音列を一度も発していないとしても、ひょっとしたらかれらの文法のルールに反するから、その組み合わせを使っていないのかもしれない。

「新しい文」に必要な条件。それは、シジュウカラが一度も、確実に聞いたことがなく、かつ、かれらの文法ルールに則《のっと》っているといえることだ。

――そんなある日、ひょんなことがきっかけで、「新しい文」の作成法を思いついた。

それは、YouTubeで動画を見ている時のことだった。見ていたのは「ルー大柴《おおしば》先生が教える国語（ことわざ）」なるコンテンツ。僕はルー大柴さんが大好きなのだ。

ルー大柴さんといえばルー語である。ルー語というのは、日本語の一部を英語にした日・英ごちゃまぜの文章。その動画でも、日本のことわざをルー語にして紹介してくださっていた。

たとえば、「藪《やぶ》から棒」をルー語でいうと、「藪からスティック」。「寝耳に水」をルー語にすると、「寝耳にウォーター」となる。意味はわかるけれど、聞きなれない新しさがある。それがルー語なのである。

なぜ僕たちは初めて聞くルー語であっても正しく理解できるのだろうか。ルー語の場合、一部の単語が英単語に置き換わっているものの、文章全体としては日本語の文法ルールに従っている。僕たちは日・英ごちゃまぜのルー語に、日本語の文法ルールを当てはめて、文章の意味を理解するのだ。

「これだ！　これしかない！」と僕は思った。

そうである。シジュウカラにルー語を聞かせてみればよいのである！

僕の調査地の軽井沢では、シジュウカラはコガラと一緒に群れ（混群）をなし、厳しい冬を乗り越える。そして、僕のそれまでの研究から、シジュウカラとコガラはお互いの鳴き声とその意味を学習し、理解することがわかっていた。

なかでも、「集まれ」という鳴き声の理解はとても重要だ。シジュウカラ語で「集まれ」は「ヂヂヂヂ」であり、コガラ語では「ディーディー」。鳴き声の響きはまったく違うが、お互いそれらが〝同義語〟であると理解している（「小鳥が餌場で鳴く理由」参照）。

シジュウカラが「ヂヂヂヂ（集まれ）」と鳴いても、コガラが「ディーディー（集まれ）」と鳴いても、どちらにも集合しなければ、混群は維持できない。混群がバラバラになると、餌の発見効率も落ちるし、捕食者にも気づきにくくなってしまう。混群の結束を維持することは、厳しい自然界においては死活問題であり、混群のメンバーはどちらも同じ意味であると学習しているのである。

ようするに、シジュウカラにとってコガラ語は外国語のようなものなのだ。シジュ

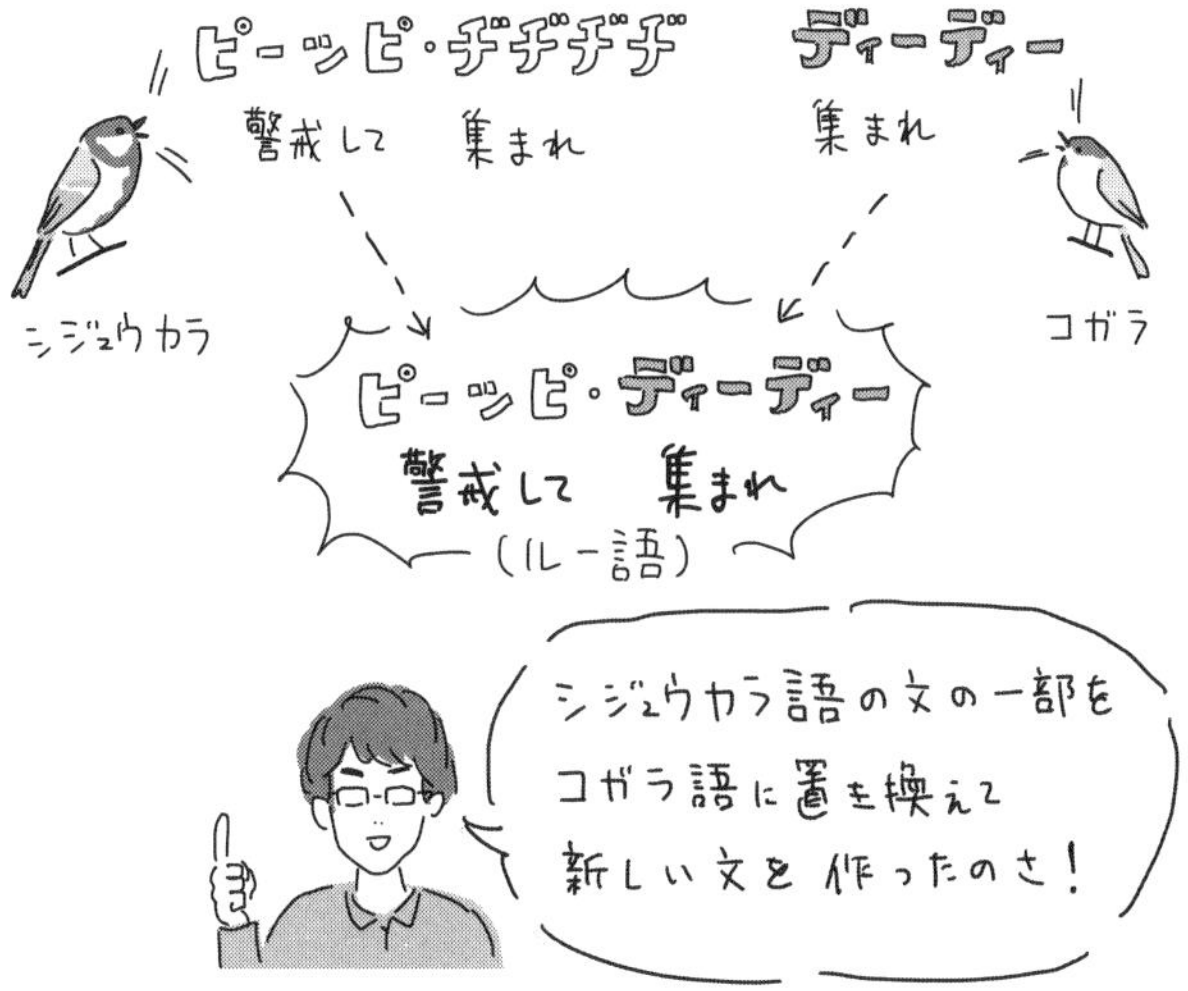

ウカラ語とコガラ語をごちゃまぜにすれば、ルー語を作ることができる。自然界のシジュウカラが一度も聞いたことのない〝新しい文〟を作りだすことができるはずだ!

僕はさっそく鳥語版・ルー語の作成に取り掛かった。パソコンで音声を編集し、シジュウカラ語の「ピーツピ・ヂヂヂヂ(警戒して・集まれ)」の「ヂヂヂヂ(集まれ)」の部分をコガラ語の「ディーディー(集まれ)」に置き換えたのだ。

そして完成したのは、「ピーツピ・ディーディー」というシジュウカラ語とコガラ語の混合文。自然界にはありえない、シジュウカラにとってまったく新しい文である。たとえるなら、「ピーツピ・ヂヂヂヂ」が「警戒して・集まれ」だとすると、「ピーツピ・ディーディー」は「警戒して・トゥギャザー」。まさに、鳥語版・ルー語である。

大切なのは、シジュウカラがこの新しい文を、〝文法のルールを当てはめて〟理解できるかどうかである。もしシジュウカラに人間と同じように柔軟な文法能力があるのであれば、文法ルールを当てはめてルー語も理解できるだろう。そして、語順が逆だと正しく理解できなくなるはずだ。

そこで僕は、「ディーディー・ピーツピ」という鳴き声の組み合わせも作成した。もし「警戒→集合」の文法のルールを新しい文にも当てはめるのであれば、「ピーツピ→ディーディー（警戒して→集まれ）」には適切な反応を示せても、文法ルールに反する「ディーディー→ピーツピ（集まれ→警戒して）」だと意味が伝わらないと予想したのだ。

僕はこれらの音声ファイルを持って軽井沢の森に戻ってきた。二〇一六年十月末のことである。

僕は森の中でシジュウカラの群れを探した。そして、群れを見つけると、スピーカーを木に取り付けた。

まずは「ピーツピ・ディーディー」を流してみる。シジュウカラの文法ルールに従ったルー語である。「ピーツピ・ディーディー、ピーツピ・ディーディー……」とスピーカーから繰り返し流すと、すぐにシジュウカラがやってきた。

シジュウカラは、首を左右にキョロキョロ振りながら、スピーカーに近づいてくる。『ピーツピ・ヂヂヂヂ』を聞かせた時と同じ行動だ！」とすぐにわかった。シジュウカラはシジュウカラ語の「ピーツピ（警戒しろ）」とコガラ語の「ディーディー（集まれ）」の組み合わせも、「警戒して・集まれ」という文として理解しているようである。

それでは、「ディーディー・ピーツピ」とひっくり返した場合はどうだろうか。ワクワクしながら語順を反転させた鳴き声もスピーカーから流してみる。すると、シジュウカラは首をキョロキョロさせる警戒行動もあまりとらなかったし、スピーカーに近づいてもこなかったのだ。つまり、文法ルールを当てはめて、ルー語を理解できたといえる。

すごい実験結果である！　この発見をより確固たるものにするにはどうしたら良いだろう。僕は自分の研究について起こりうるさまざまな反論を考え、その一つひとつを検証していった。

まず、考えだした反論は、シジュウカラが「ピーツピ・ヂヂヂヂ」と「ピーツピ・ディーディー」を区別できず、同じ鳴き声だと認識しているのではないかという可能性だ。そもそも聞き分けることができないので、それらに似たような行動を示したとも考えられる。

そこで、僕は追加で実験を計画した。シジュウカラの「ヂヂヂヂ」、コガラの「ディーディー」、そしてコガラの「ディーディー」を倍速で再生したものを、シジュウカラに聞かせてみたのだ。コガラの「ディーディー」は倍速にすると、「ディディ」のようになり、シジュウカラの「ヂヂヂヂ」に、より音の特徴が似るのである。一方で、コガラの「ディーディー」との類似度はガクッと落ちる。

実験の結果、シジュウカラは「ヂヂヂヂ」と「ディーディー」には接近するが、倍速再生の「ディディ」にはまったく近づかないことがわかった。つまり、シジュウカラは「ヂヂヂヂ」に似た音に集合しているわけではなく、「ヂヂヂヂ」と「ディーディー」を異なる音だと認識した上で、同じ意味だと理解していたことになる。

この実験から、シジュウカラは「ピーツピ・ヂヂヂヂ」と「ピーツピ・ディーディー」も別の音列だと区別していることが示された。

次に考えた反論はこうだ。シジュウカラは「ピーツピ」が先にくる音列には警戒しながら集合するが、「ピーツピ」が後にくる音列にはそれをしない。つまり、「ピーツピ」のうしろにくる鳴き声は、実はどんな鳴き声でもよくて、音列の中の「ピーツピ」の位置だけを手がかりに行動を変えているという可能性だ。

あまりなさそうではあるが、たしかにそれも考えられる。なので、僕はシジュウカラ語の「ピーツピ」とコガラ語の別の鳴き声を組み合わせる実験も計画した。

選んだのはコガラが空にタカを見つけた時に出す「スィスィスィ」という声だ。この声を聞くと、鳥たちは一斉に茂みに逃げ入る。シジュウカラにも似た声があるが、「ピーツピ」と組み合わせることはまずない。そこで、「ピーツピ・スィスィスィ」と「スィスィスィ・ピーツピ」を聞かせてみて、「ピーツピ」が先にあるだけで警戒しながら集まるという行動を示す可能性を検証した。

思った通りの結果であった。シジュウカラは「ピーツピ・スィスィスィ」と「スィスィ・ピーツピ」に同じように反応したし、警戒しながら集まることはなかったのだ。つまり、シジュウカラは音列の中の「ピーツピ」の位置に反応していたわけではなく、やはり「ピーツピ・ディーディー」をルー語として認識していたことになる。

僕は森の中で二か月間、シジュウカラの群れに鳴き声を聞かせる実験を繰り返した。そして、ついにシジュウカラは「警戒↓集合」という文法のルールを当てはめて、シジュウカラ語とコガラ語の混合文まで理解できることを証明したのだ！

僕はこれらの研究結果をさっそく論文にまとめて投稿した。論文は、二〇一七年にカレント・バイオロジー誌に掲載され、サイエンス誌やナショナル・ジオグラフィック誌など、海外のメディアにおいても広く報じられたのだった。

驚いたのは、ウィキペディアのルー大柴さんのページに、「ルー語によるシジュウカラの言語能力の解明」という項目が新たに追加されていたことである！　ルー語を通じて、世界で初めて動物の文法能力が解明されることになろうとは、ご本人も想像していなかったことだろう。ルー大柴さんにはハートのボトムからサンキューベリーマッチと言いたい。

「ぼく・ドラえもん」実験

シジュウカラが鳴き声を組み合わせて文を作るという発見は、それまでの動物のコミュニケーション研究に一石を投じる成果となり、世界中の動物学者に衝撃を与えるものだった。そして、その論文が公開されると、野生動物の持つ言語能力について、いくつかの研究グループが調べ始めた。チンパンジー、ボノボ、オナガザル類。時間はかかるかもしれないが、いずれこれらの動物でも文法能力が見つかるかもしれないと、僕は期待に胸を膨らませていた。

その一方で、言葉を持つのは人間だけだと信じてきた言語学者たちにとっては、シジュウカラが文を作れるという研究結果は、簡単に受け入れられるものではないようだった。なにしろ、単語を組み合わせる能力こそが、人間に固有であり、様々な言語表現を生み出す原動力だという学説が広く普及していたからだ。

言語学者からシジュウカラ語に関する意見論文もいくつか出たが、そのほとんどは、ヒトの言語とシジュウカラ語の違いに関するものであった。たとえば、「人間の言語の場合、三語以上も組み合わせるが、シジュウカラは二語しかできないから言語ではない」という意見である。「そんなことを言ったら、二語文は言語ではないことになってしまうではないか！」とも思ったが、「僕はまだシジュウカラの三語文を調べていないので、これについては現段階ではわからない。また、もし三語以上を組み合わせることができなかったとしても、シジュウカラにとってはそれで十分だから二語止まりなのであろう」と説明した。

そもそも、僕は〝シジュウカラが人間と同じ言語をしゃべっている〟とは言っていないし、そうは思っていないのだ。ただ、〝シジュウカラの鳴き声のすべてが感情の表れではない。かれらにも、鳴き声に意味を含めたり、それを組み合わせて文を作る力がある〟と主張しているのである。人間と鳥では、語彙や品詞、文法のルールに違いがあって当然だというのが、僕の考えだった。

意見論文には返答を書くのがマナーであり、僕もそのようにしていたが、そのほとんどは再度、研究内容を説明するだけで十分であり、結論を変えるものは一つもなかった。そして僕が感じたことは、こういった意見の数々は、やはり人間が最も高度であり、動物は単純であるという妄信に基づいているということだ。人間も動物の一つであり、人間の言語も動物の言語の一つにすぎないのだが、まだこれに気づいていない人が本当にたくさんいるのである。

そんなある日、一つだけ「たしかに、それは検討しないと」と思える意見があった。それは、そもそもシジュウカラは「ピーツピ・ヂヂヂヂ」の音列を〝文〟として認識しているわけではなく、〝単に時間的に連続している二つの鳴き声〟として認識しているのではないかというものだ。

もっと噛み砕いて言うと、シジュウカラは、「ピーツピ」と「ヂヂヂヂ」がその順番で連続して聞こえてきたら、それが文としてまとまっていなかったとしても、天敵を追い払うかもしれないではないかという指摘である。

――なるほど。ひょっとしたらそうかもしれない。「ピーツピ（警戒しろ）」と聞こえてきたら、警戒状態になり、その直後に「ヂヂヂヂ（集まれ）」と聞こえてきたら、警戒しながら集まる。もしそうであれば、たしかに文とはいえないだろう。

ここで大事になるのが、そもそも〝文〟とは何かということだ。文とは、もちろん〝ある話者が二つ以上の単語を組み合わせた表現〟のことである。話者は文法のルールに従って、単語を一つのまとまりに組み合わせ、一つのセリフを発話する。いくら単語が連続して聞こえてきても、異なる話者から別々のセリフとして発話されたら、それは文とはいえないはずだ。つまり、大切なのは、〝ある話者が組み合わせている〟と聞き手が理解しているかどうかである！

わかりやすくするために、ネコ型ロボットのセリフを例に説明すると、こんな感じだ。

「ぼく・ドラえもん」。この二語の連なりを文として認識する上で、僕たちは無意識的にそれら二つの音声が時間的に連続していて、文法ルールに則って発せられていること、そしてそれらが同一の音源から（つまり同じ口から）発せられていることを瞬時に認識している。

そして、一人の話者から「ぼく・ドラえもん」と発せられた場合、話者は自分がドラえもんだと言っていることになる。
一方、もし、Aさんが「ぼく」、Bさんが「ドラえもん」というように別々に話した場合、Aさんは自分について何かを伝えようとしている状況で、Bさんはドラえもんについて何かをしゃべっているという状況になり、どちらの話者も「自分はドラえもんである」とは言っていないことになる。つまり、文としては認識されず、意味も合成されないのだ。

察しのいい読者であればもうお気づきかもしれない。そうである。「ぼく・ドラえもん」と「ぼく」、「ドラえもん」をシジュウカラに聞かせてみればよいのである！

つまり、「ピーツピ・ヂヂヂヂ」の音列を一つのスピーカーから聞かせる場合と、「ピーツピ」、「ヂヂヂヂ」と、二つのスピーカーから別々に聞かせる場合で、それらを聞いたシジュウカラの行動を比較するというアイデアだ。

もし、シジュウカラが単に「ピーツピ」と「ヂヂヂヂ」の連続を聞くだけで捕食者を追い払う行動にでるのであれば、それらを二つのスピーカーから別々に流しても、二つの声が連続して聞こえる限りは同様の反応が見られるはずである。

一方、僕の予想通り、シジュウカラが「ピーツピ・ヂヂヂヂ」を「警戒して・集まれ」という一つのかたまり（文）として認識しているならば、その音列が一つのスピーカーから流れた時にのみ、つまり、一羽のシジュウカラが組み合わせているような状況においてのみ、捕食者を追い払いに集まるはずだ。

実験デザインが思いついたら、あとは実行するだけだ。僕はスピーカーと天敵のモズの剥製を持ち、いつもの軽井沢の森へと向かった。

まず試したのは、一つのスピーカーから「ピーツピ・ヂヂヂヂ」と組み合わせる声。自然な頻度で九十秒間再生し、シジュウカラたちの行動変化をビデオで記録する。観察者は二名で、見逃しのないように心がけた。

シジュウカラの群れを見つけたら、なるべく素早くその近くの木の枝にスピーカーをセット。そして、スピーカーから五メートル離れた木の枝にモズの剥製も設置した。

さっそく鳴き声を流してみる。「ピーツピ・ヂヂヂヂ」と繰り返し流すと、シジュウカラたちは、警戒心を高めた状態でモズの剥製へと近づいてきた。そして、翼をすばやく上げ下げし、モズの剝製を追い払おうと威嚇しだしたのだ！　もちろん、剝製なので追い払うことはできないのだが、それでもたくさんのシジュウカラがモズの周りを枝から枝へと飛び移り、必死である。

次に試したのはスピーカーを二つにする実験だ。シジュウカラの群れを見つけたら、スピーカーを十メートル離して二個セット。そして、その中間地点にモズの剝製を設置した。

一方のスピーカーからは「ピーツピ」、他方からは「ヂヂヂヂ」と別々の声が流れるが、そのタイミングは連続していて、前の実験と同じになる条件とした。

すると、シジュウカラの反応は、スピーカー一つの実験とは、明確に違うものだった。「ピーツピ」と「ヂヂヂヂ」を別々のスピーカーから流してみると、モズを翼で威嚇するものもいなければ、接近するものもいなかったのだ。モズの剝製があるにもかかわらず、みなその場で餌を探したりしていて追い払う気配はまったくない。正直、ちょっとくらいモズを追い払いにくるシジュウカラもいるのではないかと思っていたが、そんな鳥は一羽もいなかったのだ。シジュウカラは、一つの音源、つまり一羽の

話者が「ピーッピ」と「ヂヂヂヂ」を組み合わせている時にだけ、モズを追い払いに行くのである。

語順を逆にした「ヂヂヂヂ・ピーッピ」も試してみた。すると、一つのスピーカーから流しても、二つのスピーカーから「ヂヂヂヂ」、「ピーッピ」と分けて流した場合も、モズの剥製を追い払いにくるシジュウカラはいなかった。

僕はこれらの実験を繰り返した。六十四の異なる群れを対象に実験をおこなったが、傾向は驚くほどに一貫していた。

やはり思った通りである！ シジュウカラは「ピーッピ・ヂヂヂヂ」を一つの

文と認識しているのである。二羽のシジュウカラが「ピーツピ」、「ヂヂヂヂ」と別々に鳴いた場合、それらがいくら連続していたとしても、二つの単語の合成は起こらない。

僕は大学に戻るとさっそくこの研究成果を論文にまとめ、ネイチャー・コミュニケーションズ誌に投稿した。がんばった甲斐もあり、論文は見事掲載に至った。

この論文を受けて、僕に意見論文を書いた例の言語学者の新しい論文にはこう記されていた。

「シジュウカラは文を作る。異なる意味を持つ二つの鳴き声を組み合わせるし、そこには文法のルールもある。聞き手のシジュウカラは、その組み合わさった音列を、ある個体が発話した一つの〝文〟として認識しており、単に連続した別々の二語として認識しているわけではない。他の動物においても、シジュウカラの研究のようにきちんと検証するべきである」

ようやく、動物学者と言語学者が合意し、〝動物言語の解明〟に向かって歩み出した気がした。

翼のジェスチャー

僕は発見した。シジュウカラの言葉は鳴き声だけではない。なんと、〝ジェスチャー〟まであるのだ！

「鳥にジェスチャー？」と不思議に思われる方もいるかもしれない。それもそのはず。ジェスチャーとは、手を左右に振って「バイバイ」したり、親指をあげて「いいね！」したり、手や腕の動きを使った意思疎通だ。一見、鳥に手や腕は見当たらない。

実は、シジュウカラの場合、〝翼〟でジェスチャーするのである。翼をパタパタ小刻みに震わせると、「お先にどうぞ」の意味になる。人間の場合、手のひらを見せて「お先にどうぞ」と伝えるが、シジュウカラの場合はそれが翼のパタパタなのだ。

巣箱で繁殖しているシジュウカラのつがいを観察していて、翼のジェスチャーに気がついた。毎日、十時間くらい巣箱の前で張り込み調査をしていたことがあったのだが、その中で自然に「あのしぐさは〝お先にどうぞ〟って言ってるんだな」と理解していた。

シジュウカラの場合、オス、メスの両方とも巣箱のヒナに餌を運ぶ。ヒナの数は七〜十三羽とたくさんなので、子育ての時期はオスもメスも大忙しだ。朝から夕方まで、休むことなく巣箱のヒナに餌を運び続ける。

だいたい七割くらいの餌やりは、親鳥が単独でおこなうものだ。一羽で餌を運んできて、一羽で巣箱に入る。ヒナは餌をもらうとその直後に決まって糞《ふん》をするので、親鳥はそれをくわえて巣箱を出て、遠くまで捨てに行く。

残りの三割くらいはオス・メスで一緒に餌を持ってくる。タイミングを合わせることもあれば、偶然同時に運んでくることもあるようだ。

そうなると一つの問題が生じる。巣箱の入り口はおよそ三センチと狭いので、二羽で同時に入ることができないのだ。何も合図をせずに入ろうとすると、巣箱の入り口で〝ごっつんこ〟してしまうかもしれない。鳥だってごっつんこは避けたい。

そこで役に立つのが翼のジェスチャーだ。二羽で餌を運んできた場合、片方の親鳥が翼をパタパタすると、もう片方が先に巣箱に入るのだ。つまり、翼のパタパタで「お先にどうぞ」と言うのである。

この発見は、僕にとっては当たり前でも、他の動物学者にとってはまったくそうではなさそうだった。本や論文を読んでわかったが、霊長類学者の大半は、ジェスチャーをするのはチンパンジーやボノボなど、ヒトに近い動物だけだと考えているようなのだ。一方、鳥類学者は「翼は飛ぶため」と思い込み、ジェスチャーに使うだなんて誰も気づいていないのである！

さらによく調べてみると、チンパンジーやボノボでのジェスチャー研究のほとんどは、「研究者にはジェスチャーになっているように見えました」とか、「あの腕の動きは○○という意味になっているように見えました」などという主観的なものであり、客観的なデータに基づいていなかった。きちんとデータをとって、野生の類人猿において、あるしぐさがジェスチャーになっていることを明らかにしたのはごく少数。たとえば、チンパンジーが仲間と毛繕いする時に、毛繕いしてほしい体の部位を指で掻《か》いて教えるという研究。そうした単純なジェスチャー以外、ちゃんとデータを集めた

研究はほとんどないのだ。

シジュウカラのジェスチャーの方がよっぽどすごいし高度である。翼の動きで、ちゃんと〝意味〟を伝えているではないか。そう考えて、僕は本格的にデータを収集することにした。

八個のシジュウカラの巣箱の前に数時間張り込み、親鳥のヒナへの餌やりをおよそ三百二十回観察した。二台のビデオカメラを仕掛け、二名の観察者でできるだけ詳細に行動を記録していった。

観察を繰り返すといくつかのパターンが見えてきた。まず気づいたのは、親鳥は単独で餌やりにきた時は翼をパタパタさせることは一度もなく、つがい相手と同時に餌を運んできた時にだけ、巣箱の近くの枝に止まって翼をパタパタさせることだ。

パタパタさせるのはいつも決まってつがい相手が見える場所。つがい相手の方に体を向けて、パタパタパタとやるのである。

すると、それを見たつがい相手のシジュウカラは、決まって先に巣箱に入る。一方、パタパタした方の親鳥は、つがい相手が巣箱に入るのを確認すると翼の動きを止め、そして二番目に餌やりに入る。

シジュウカラが巣箱の近くに来てから、巣箱に入るまでの時間も測定してみたが、その結果は一目瞭然。つがい相手がパタパタすると、しなかった場合と比べて、断然早く巣箱に入ることがわかったのだ。やはり、翼のパタパタは〝お先にどうぞ〟という意味になっている。

観察を重ねると新しい発見があるもので、やはり今回もそうであった。ジェスチャーをするのはメスの場合が圧倒的に多かったのだ。メスが翼をパタパタさせるとオスが先に巣箱に入る。この理由についてはまだよくわかっていないのだが、オスが先に巣箱に入るのを確認することで、メスはオスのイクメン度を査定しているのではないかと僕は考えている。

シジュウカラのヒナは餌をもらうとその度決まって糞をする。だから、親鳥は巣から出るとその糞をくわえて遠くに捨てに行くのがお決まりのパターンだ。もしメスがオスより先に餌をあげた場合、メスは巣から出たらすぐに遠くに糞を運ばなくてはならない。その間、巣箱の外にいるオスが本当にヒナに餌をあげるのか、餌をあげずにさぼってしまうのか、はたまた自分で食べてしまうのか、確認するすべはない。きっと、メスにとってはオスが本当にヒナに餌をあげるのか自らの目で確認することが大切なのではないだろうか。

ヒトの場合、このパターンの逆である。オスが手のひらを上に向けて「お先にどうぞ」とすることが多いが、あれはなぜなのだろうか。メスに紳士的な態度を見せることで、求愛を成功させたり、将来の繁殖成績をほんの少しでも高めようとしているのだろうか……。これについては諸説あるので、いつか誰かに調べていただきたいものである。

求愛といえば、「求愛する時に複雑なダンスを踊る鳥なんかはよく知られるが、あれはジェスチャーではないのだろうか？」と疑問に思われる方もいるかもしれない。実は、〝思考節約の原理〟に従うと、求愛ダンスはジェスチャーであるとは言えないのだ。なぜなら、鳥たちの求愛は、人間のジェスチャーのように特定のメッセージを伝えるものではなく、もっと単純な仕組みによってでも解釈できてしまうからだ。たとえば、オスはメスを見て発情すると複雑なダンスをしてしまい、その複雑なダンスを見ると、メスはつい注意を向けてしまう。そしてその隙にオスはメスに交尾をしかける。求愛ダンスが「好き」というメッセージを伝えていると考えなくても、十分に説明できてしまうのだ。

一方、シジュウカラの翼のパタパタはジェスチャーであると確実に言える。なぜなら、メスの翼のパタパタは、オスに〝巣箱〟に向かうように促すものであるからだ。パタパタした〝メス〟に対して、オスが何らかの行動を起こすわけではない。パタパタで決まるのは巣箱に入る順番であり、「お先にどうぞ」というメッセージを伝えている。

そう考えてみると、やっぱりすごい発見である。

僕はシジュウカラの翼のジェスチャーについてさっそく論文にまとめ、カレント・バイオロジー誌に投稿した。一か月後、論文の審査結果が戻ってきた。見事、受理。僕はガッツポーズのジェスチャーをした。

論文が公開されると、世界中のメディアから取材が殺到した。新聞やテレビ、ネットニュース、雑誌などなど。そして、「鳥が翼でジェスチャーをするなんて！」と世界中の学者が驚いた。音声言語があるということで世界のメディアをにぎわせた日本のシジュウカラは、ジェスチャーでも再び世界を沸かせたのだ。

うれしかったのは、世界中のバードウォッチャーや鳥類学者からたくさんの連絡をいただいたことである。シジュウカラ以外の鳥も、翼の動きによってメッセージを伝えているのではないかと、動画付きでメールが送られてきたのだ。ひょっとしたら、ジェスチャーによる意思疎通は鳥類に広くみられるものなのかもしれない。

従来、ジェスチャーを使えるのは、二足で立つことのできる類人猿や人間のみであると考えられてきた。二足で立つことができれば、両腕が自由になるので、それを意思疎通に使えるというわけだ。しかし、二本足で立てるのは類人猿だけではない。鳥も飛んでいない時は二足で立つし、翼は自由だ。いろいろな鳥が翼の動きをジェスチャーとして使っていても不思議ではない。

実は、鳥の翼は僕たちの腕と進化的に同じ起源を持っている。手羽先を食べる時によく観察してほしい。手羽先というのは鶏《とり》の肘より先の部分を調理したものなのだ。中程にある小さな突起物は親指で、先っちょの薄い部分は人差し指と中指がまとまったものである（鳥の場合、薬指と小指は存在しない）。手羽先に羽が生えて、それで鳥たちは飛んでいる。つまり、翼は腕なのだ。

単語に文、そしてジェスチャー。鳥とヒトの祖先はおよそ三億年前には別々の進化の道を歩み出したと考えられているが、それでも似たようなコミュニケーションが進化していることがわかってきた。〝人間だけが言葉を持つ〟というのがどれだけ偏った解釈なのかを、シジュウカラたちは教えてくれる。僕たちが動物の研究から学べることは、本当にたくさんあると思う。

シジュウカラ語の研究を通して、はっきりとわかったことがある。それは、やはり人間は〝井の中の蛙〟だということだ。人間だけが言葉を持つと決めつけていて、鳥たちの言葉の世界に誰も気づかず過ごしている。

僕やシジュウカラからすると、これはとてもおかしな事態である。同じ場所に住んでいるのであれば、他の種類の動物の言葉も認め、理解し、生きていくのが、動物として当たり前のことだからだ。

たとえば、シジュウカラがタカを見つけて「ヒヒヒ」と鳴けば周りにいるコガラやヤマガラは一斉に藪に逃げ入るし、餌を見つけて「ヂヂヂヂ」と鳴けば、次から次へと集まってくる。反対に、シジュウカラもコガラやヤマガラの言葉を理解できる。森の中の小鳥たちは、周りに棲んでいるいくつもの鳥の言葉の意味を学習し、天敵から身を守ったり、食べ物を見つけるために役立てているのである。バイリンガルどころではない。〝鳥リンガル〟だ。

たまに嘘《うそ》をつくことだってある。たとえば、シジュウカラは、自分より体の大きなヤマガラやゴジュウカラが餌場を独占していると、「ヒヒヒ」とタカが来た時の声で警報を出すことがある。実は空にタカなんていないのに、そう鳴くのだ。すると、大きな鳥はまんまと騙され、藪に逃げ入る。その隙にシジュウカラは餌をゲットできるというわけだ。僕もしょっちゅう騙されるが、騙し、騙される関係も、他種の言葉がわかるからこそ成り立つものだ。

種の壁を超えた会話は鳥同士に限らない。実はリスも小鳥の言葉を理解できるのだ。シジュウカラが「ヒヒヒ」と鳴くと、リスはあわてて藪にダッシュする。リスよりも小鳥の方が目は良く、いち早くタカの襲来に気がつくことが多い。リスたちはそれを知っていてカラ類の群れの近くにいるのである。

数十万年前、僕たちの祖先がまだアフリカで暮らしていた頃は、人間も鳥の言葉を理解していたに違いない。生まれて間もない赤ちゃんを猛禽類や肉食獣から守るためにも、鳥の言葉が役に立ったはずである。

しかし、いつしか人間は自らの持つ「言葉」によって自然と人間を切り分けていった。「動物には言葉がない」、「人間が最も高度な動物だ」、「人間は自然を支配する特別な存在だ」と言葉を並べ、そう思い込んできたのである。

そして、とうとう動物たちの言葉を理解できなくなってしまった。それどころか、自然とのかかわり方も、共生から利用へと変わってしまったのだ。今日解決されていない諸々《もろもろ》の環境問題も、こうした井の中の蛙と化した人間たちの暴走によるところが大きいと、僕は思う。このままでは、そう遠くない未来、人類も地球も滅びるだろう。

僕は立ち上がった。

鳥たちの言葉の世界と人間の世界をつなごう。そして、もう一度、自然を正しく観察する目を人類にインストールするのである！

題して、『カエル人間救出作戦』。僕は井の中の蛙化した人類を救出するため、以下の作戦を決行することにした。

SNS作戦

僕はエックス（旧ツイッター）のアカウントを開設した。そして、シジュウカラ語の解説やそれにまつわるエピソードなどを、なんでもポイポイ投稿してみることにしたのだ。

さすが、SNS時代。拡散力は抜群である。動画や音声まで共有できるのが素晴らしい。たとえば、シジュウカラ語を理解してタカから逃げるスズメの様子を、動画と共にあげたところ、一万人以上の人の目にとまり、リプライ欄はまるで学会の質疑応答状態になった。身近な自然の中にも種の壁を超えた会話があることを、文字と動画で伝えることができたのだ。

しかし、SNSには問題もある。文字数も一四〇文字までと制限があるし、そもそもSNSなんてやっていない人だっている。そして、どんなに重要なことを伝えようとしても拡散されず、むしろどうでもいい情報が世間に知れ渡ってしまうことも……。

これではまだまだ不十分である。

講演会作戦

そこで僕はカルチャーセンターなどで講演会を開催することにした。だいたい一時間半の講演時間をいただくことが多いが、それだけあればいろいろな動画や鳴き声を組み込みながら、自分のみつけた鳥語の世界を皆さんと共有できる。これはSNSにはない魅力である。

さらに、直接皆さんと交流できるのも素晴らしい。僕は年に十数回の講演会をこなすようになっていた。

しかし、どうしても解決できない問題があった。それは、会場の広さである。講演会の会場はだいたい百席以下のことが多い。本当はもっとたくさんの人に伝えたいのだが、どうしても定員がある。

日本人の人口は二〇二四年現在、約一億二千四百万人。仮にすべての日本人に講演するなら、百二十四万回の講演会をしなくてはならないのだ。一日一回講演しても……数千年はかかってしまう。ゾウガメだってそんなに長くは生きられない。

教科書作戦

そんなある日、幸運にも素晴らしい話が舞い込んできた。シジュウカラの言葉について、教科書に掲載する文章を執筆してはくれないかという依頼である。僕は二つ返事で承諾した。

教科書といっても生物ではなく国語の教科書。光村図書が出版する中学一年生用の国語の教科書だ。僕が担当するのは説明文教材。シジュウカラの「ジャージャー」という鳴き声が「ヘビ」という意味になっていることを、どのように解き明かしたのか、それについて八ページほどの書き下ろしを寄稿することになった。

日本には毎年百万人を超える中学一年生がいる。教科書の出版会社はいくつかあるが、光村図書のシェアを考えると年間数十万人の中学一年生が国語の教科書でシジュウカラ語を学ぶことができるのだ。

中学生といえば、僕にとってはとても多感な時代であった。毎日のように、木の隙間をのぞいたり朽木をひっくり返したりして、虫たちの世界に感動していたものである。中学一年生であれば、自然への興味も薄れていない子どもたちがたくさんいるはず。鳥の言葉に少しでも耳を傾けてくれたなら。そういう思いで一生懸命に書き上げた。

その甲斐もあって、『「言葉」を持つ鳥、シジュウカラ』と題した僕の文章は、大人気の教材となったらしい。当初は四年間の使用ということであったが、おかげさまで五年後以降も継続で使用されることが決まった。これで数百万人の中学生にシジュウカラ語の世界に気づいてもらうことができる。

ただ、まだそれでも十分ではない。教科書を読むのは中学生や教師くらいのものである。もっといろいろな人に鳥語の世界を共有したい。

ラジオ作戦

そこで、次に決行したのはラジオを利用した作戦だ。

シジュウカラとラジオの相性はとてもよい。鳴き声を流してその意味を解説するだけでも十分に楽しめるからである。テレビの背景音にもよくシジュウカラの声が使われているのだが、ほとんど誰も気づいていないし、その意味なんてわからないだろう。しかし、音だけで情報を伝えるラジオというのは、もともとリスナーが意識を耳に集中させているので、非常に効果的なのだ。

そして、ラジオのリスナーはあまりその日の番組内容をチェックすることなく、なんとなく聞き流していることが多い。不特定多数のリスナーにほぼ無差別にシジュウカラ語を届けられるというメリットがあるのである。講演会ではそもそも鳥に興味のある人にだけお話しすることが多いが、ラジオは別に鳥に興味のない人にまで、鳥たちの素晴らしい世界を共有できる。

僕はラジオに出まくった。NHK、J-WAVE、Tokyo FMなどなど、本当にたくさん出演した。しかし、一つ欠点があった。鳴き声を解説できても、そもそもシジュウカラを知らない人にはその情景を想像しにくいのだ。やはり映像があればなお良いはずだ。

テレビ作戦

そんなことを考えていた二〇一六年、NHKのディレクターから連絡をいただいた。彼は、人気番組『ダーウィンが来た！』を制作していて、僕の鳥語研究を番組にしたいというのである。

素晴らしい企画である。テレビであれば、鳥の言葉を解説しつつ、鳴いている様子や鳴き声を聞いて反応する鳥の様子も皆さんにお見せすることができる。まさに僕がみつけた鳥たちの世界を疑似体験してもらえるというわけだ。

僕は二つ返事で了承し、ディレクター、カメラマン、音声さんと共に軽井沢の森へと向かった。

まずは鳥の種類の識別。「あれがシジュウカラで、あっちがヒガラ。胸のネクタイ模様の有無が違うでしょ」などと解説しながら、少しずつ森の中を案内していく。ようやく種類がわかったら、次はいよいよ鳴き声だ。「ピーツピ」は「警戒」、「ピーツピーツ」は「縄張り宣言」などと、一つひとつ解説していく。

初めはみな「?」という表情であったが、雑音のない森の中、四人で鳥を観察していると、撮影隊のみんなもいつしか鳥たちの言葉を区別できるようになっていた。気がつくと、「先生、あそこに今ヘビがいるはずです。シジュウカラが『ジャージャー』鳴いてます!」などと言うようになっていたので、やはり誰にでも鳥語を理解する潜在能力が備わっているということだろう。

一番難しかったのは、いい映像を撮ることだ。シジュウカラはスズメくらいの大きさで本当に小さいし、木の枝から枝へとすばやく飛び回るので、カメラで追うのが至難の業。いくら鳥に詳しい僕でも、こればっかりはうまくいくか確信が持てなかった。

しかし、担当してくださったのは敏腕のカメラマン。かつてプロ野球中継のボールを追いかけていた人だった。初めはさすがに苦労されていたが、撮影が始まって数か月後にはちょこまか動く小鳥たちにも完璧にフォーカスを合わせられるようになっていた。

紹介したい鳥語が多すぎて、結局、すべてのシーンを撮り終えるのに四年ほどかかった。四年も一緒に鳥を見ていると、撮影隊のみんなとはもう友達になってしまって、今でも結構な頻度でメッセージを交換している。

『ダーウィンが来た！』の枠で「聞いてびっくり！　鳥語講座」、「都会に進出！　森の小鳥シジュウカラ」の二本、『ワイルドライフ』の枠で「新発見！　言葉でつながる小鳥たち」という番組が完成した。どれも視聴率がとてもよかったそうで、反響も大きかった。

『僕には鳥の言葉がわかる』作戦

そして今、この本を書いているのも作戦の一つである。テレビやラジオでは伝えきれないこれまでの研究人生について本気で綴《つづ》った初の著書だ。

実は、本書を書こうと決めたのは二〇一八年。編集の竹井《たけい》さんからお声がけいただいたのがきっかけだった。しかし、「本を書くならこの研究を完成させてからにしよう!」「やっぱり、この論文を発表してから!」などと考えているうちに、また新しい発見があったりもして、どんどん執筆が先延ばしになってしまった。

結局、六年以上の歳月を経てようやく出版に至ったが、その分、僕のこれまでの鳥語研究をぎっしり詰め込んだ一冊になったと思う。この長い間、辛抱強く待ってくれた編集の竹井さんには、感謝の気持ちでいっぱいだ。


巻末にはおまけとして二次元バーコードを付けておいた。そこにアクセスすれば、本書に登場したシジュウカラの鳴き声を聞けるようになっている。その音声を通して、ぜひ読者の皆さんにもシジュウカラ語を学んでいただきたい。

ただし、野鳥に直接音声を聞かせることは、かれらの世界を邪魔することになるので、避けていただきたい(僕は研究のため、特別な許可を得た上で実験をおこなっています)。その代わり、家で鳴き声の種類やその意味を覚えた上で、公園などを散歩しながら鳥たちの言葉にそっと耳を傾けてほしい。そこには、狭い井戸から飛び出して、外の世界を初めて知ったカエルのような感動が待っているに違いない。

本書が、皆さんと鳥たちの世界をつなぐ一冊になることを、心から願っている。

動物言語学の幕開け

二〇二二年七月末、僕はスウェーデンのストックホルムにやってきた。いくつもの島々と運河からなる美しい水の都。モダンな街並みから橋を渡れば中世の風情を色濃く残す旧市街にもアクセスできる。スタジオジブリの『魔女の宅急便』の舞台と言われるガムラスタンもそこにある。

今回の渡航の目的は、国際行動生態学会（ISBE2022）。この学会は、動物行動学の分野では最も大きな会の一つ。世界中から研究者が集まり、最新の研究成果を発表し合う研鑽《けんさん》の場だ。

僕は過去に四回、この学会に参加したことがあった。国際学会というものに初めて参加したのもこの会だ。だが、五度目となる今回は、それまでとはまったく違った。

なんと、〝基調講演〟の演者として招待されたのだ！

基調講演といえば、学会のハイライトである。最も大きな会場で、すべての参加者の前で一時間の講演をする。通常、その分野の第一人者が長年の研究成果を披露する場であるが、まさか自分がその舞台に立てるとは夢にも思っていなかった。

森にこもって夢中になって研究を続けているうちに、いつの間にかシジュウカラ語の論文は世界に高く評価され、注目を集めていたようなのだ。僕のシジュウカラ語研究を、世界中の研究者たちが知りたがっている。人生何が起こるかわからないものである。

基調講演の演者は超ＶＩＰ待遇だ。ホテル代も飛行機代も懇親会費も、すべて学会が出してくれる。宿泊先は一流ホテル。広い部屋にはフカフカのキングサイズのベッドが二つあり、窓から見える入江の景色も美しい。そして朝には絶品のバイキングが堪能できる。

しかも、ホテルは学会会場のすぐ隣。朝食を楽しみながら、「今日はどの発表を聞こうかなぁ」とプログラムをパラパラめくり、セッションの五分前にレストランを出ればちょうど間に合う距離である。

スウェーデンは物価が高く、自腹での宿泊となればこんな高級ホテルに泊まることなどできなかっただろう。風呂もインターネットもない一泊五百円の山荘にネズミと共に暮らしていたあの頃が、まるで前世の記憶のようだ。

とはいえ、くつろいでばかりはいられない。国際行動生態学会での基調講演は、日本人としては初の快挙。日本のアカデミア、そしてこれまで研究に協力してくれたすべての鳥たちへの感謝を込めて、なんとしても成功させなくてはならない。僕はいつにも増して念入りにプレゼンテーションの準備を進めた。


基調講演をするにあたって、僕には一つの狙いがあった。この講演をきっかけに、新しい学問を提唱しようと考えていたのだ。

この世界には、一万種を超える鳥類と六千種を超える哺乳類がいる。もちろん僕は、生き物であればなんでも好きだし、自分が生きているうちにできるだけ多くの動物の言葉を理解したいと夢見ている。シジュウカラ以外の動物も、鳴き声によって意味を伝えたり、文を作って会話したり、ジェスチャーで意思疎通をしていたりするかもしれない。そんなワクワクの世界を知らずに一生を終えるなんて、実にもったいないことだ。

しかし、シジュウカラという一種類の鳥の言葉を調べるだけでも、十五年以上の歳月が必要だった。それに、今でも毎年のように新しい発見が尽きない。僕一人の力で、地球上の多様な動物たちの言葉を理解しようだなんて、残念ながら無謀である。

そこで、この基調講演だ。会場に来ているのは世界の動物行動学者たち。サルやゾウ、鳥、カエルなど、さまざまな動物たちに密着し、その行動や生態を理解しようと奮闘している仲間たちだ。シジュウカラの研究を例に、動物の鳴き声の意味や文法能力を探るための具体的な研究方法を伝えれば、きっと今度はかれらが、それぞれの研究している動物たちの言葉の世界を解明してくれるに違いない！

僕は、動物の言葉を解き明かす新しい学問を「動物言語学（Animal Linguistics）」と名付け、基調講演のタイトルとした。

発表当日。朝九時にもかかわらず、会場は満員。司会が僕の名前と経歴を紹介すると、会場は「シーン……」と静まり返った。壇上へと上がる僕に、すべての視線が注がれている。僕は招待してくれた学会の運営委員に感謝を述べ、動物言語学の枠組みから話を始めた。

――これまで研究者は、言語はヒトに突如として進化した固有の性質だと考えてきた。そして、動物たちの鳴き声やしぐさは、単なる感情の表れであると決めつけてきたのである。この二分は実に紀元前から続くものであり、現在の言語学の大前提となっている。

しかし、生物進化とは、長い時間をかけて、少しずつ変異が積み重なって生じるものであり、言語がヒトにだけ突然進化するとは考えにくい。通常、突然の大きな変異は進化の過程で淘汰《とうた》されてしまうからだ。どんなに精巧な形や性質も、ゆっくりとした変化の組み合わせから進化したと説明できるものなのだ。

言語も一見複雑にみえるが、複数の〝認知能力〟により成り立つものである。つまり、音声を真似る力や音声からその指示対象をイメージする力、文法のルールに則って単語を組み合わせる力など、さまざまな力を用いて僕たちは〝言語〟というコミュニケーション・ツールを使っている。

日本語や英語といった表出された言語を動物において見出すことはできないにしても、それは人間がシジュウカラ語やヤマガラ語を話さないのと同じことだ。大切なのは、それを生み出す認知能力。言語の使用にかかわる認知能力に着目すれば、人間とその他の動物の間にも共通点がみられるはずだ。


僕は、自分のシジュウカラ語の研究を例に、動物たちの認知能力を調べるための方法を紹介した。見間違いからイメージを確かめる実験や、ルー語を応用して文法能力を調べる実験など、シジュウカラを相手に僕が使った方法は、他の動物に対しても適用できると説明したのだ。

そして、ヒトの言語能力とシジュウカラの言語能力に違いがあってもよいことも強調した。数学が得意で英語が苦手な人もいれば、その逆もいるというように、ヒトには長《た》けていてシジュウカラにできないことがあってもよいのである。

たとえば、人間の場合、過去や未来のことなど、現在目の前にない事象について会話するのが得意である。一方、シジュウカラにおいてそのような会話はまだ証明されていない。

反対に、シジュウカラには当たり前のようにできて、人間にはできないこともある。たとえば、シジュウカラのヒナは巣箱の中にいる時も本能的に親鳥の声を聞き分けて適切な行動をとることができるが、そんなの人間の赤ちゃんには無理なことである。

最後に聴衆に伝えたのは、シジュウカラが気づかせてくれた最も大切な観点。それは、人間だけが言葉を持つ特別な存在ではないということだ。人間には人間の言葉があるように、シジュウカラにはシジュウカラの言葉がある。ヒトの言語もシジュウカラの言語も、動物の言語の一つであると考えることが、進化学的には正しいはずだ。

そして、どのような条件で単語が進化したのか、どのような条件で文法が進化したのか、という生物進化の問題については、ヒトを含む複数の動物種を比べることで、初めて真理に近づけるのだ。

そして僕は言った。

「動物たちの豊かな言葉の世界を共に解き明かそうではないか!」

講演後、会場は大きな拍手に包まれた。本当に大きな拍手だった。そして、いくつかの質問に応えると、再度大きな拍手が聞こえた。僕は安堵の胸をなで下ろし、演壇を降りようとしたその時——目の前には驚きの光景が広がっていた。

僕の前に長蛇の列ができていたのだ。シジュウカラなら思わず「ジャージャー」と言ってしまいそうな、本当に長い行列である。みんな、僕に声をかけるために演壇の前に並んでくれているのである！

「素晴らしい講演だった」「実験方法に驚いた」「君は聴衆の意識を変えた」「人間と動物の二項対立をひっくり返すアプローチだ」「私も鳥の言葉を研究したい

です」など、たくさんの賞賛の声をいただいた。その行列は、なんと、その会場で次のセッションが始まるまでの四十五分間、途絶えることがなかった。人生で初めての体験だった。

その夜、スカンセンという野外博物館で、懇親会が開かれることになっていた。講演後に会場で話せなかった人もたくさんいたし、僕は懇親会をとても楽しみにしていたのだが、午後になって体調が急変した。

顔が熱いし、なんだか目眩《めまい》もする。喉も痛いような気がする。まさかと思って体温を測ると、三八・四度。――新型コロナ、陽性であった。

そんなわけで、残念ながら懇親会は欠席となってしまった。参加した友人からは、「懇親会ではみんなトシのことを探していたよ」というメールをいくつもいただいたので、心の底からガッカリだったが、基調講演を終えるまで発症しなかったことが不幸中の幸いであった。

結局、PCR検査が陰性になるまでの約三週間、僕はストックホルムに延泊することになってしまった。ストックホルムの物価は高く、三週間の延泊代は学会からは出ないため、かなり痛い出費となったが、その間も、あのマグラス博士やグリーザー博士をはじめ、数多くの研究者から「おめでとう！」「素晴らしい講演だった！」と毎日のようにメールが届き、それが大きな励ましになった。

――七か月後、僕は東京大学に新しく研究室を立ち上げた。その名も〝動物言語学分野・鈴木研究室〟。動物たちの言葉を解き明かす新しい学問を、世界に向けて発信することが研究室の目標だ。動物言語学の名のついた分野を、世界で初めて、自分の力で立ち上げることができたのは、僕の人生にとって間違いなく大きな出来事となるだろう。

さあ、大切なのは、これからだ。動物言語学はまだその一歩を踏み出したにすぎない。学問を確立し、発展させるため、僕にはまだまだやり遂げなくてはならないことがたくさんある。シジュウカラの会話についても、まだ発表していないワクワクの発見が山ほどあるのだ。まずは、それらの研究を完成させ、世界に発表しなくてはならない。

僕は信じている。動物たちの会話を理解し、かれらの世界を知った時、僕たちの毎日はもっと豊かで素晴らしいものに変わるはずだ。そして、その未来に向かって、僕の挑戦はまだまだ続くのである。鳥たちと共に。

おわりに

ちょうどこの本を執筆している最中に、うれしいニュースが飛び込んできた。なんと二〇二五年、英・動物行動研究協会（Association for the Study of Animal Behaviour）から、最も栄誉ある国際賞をいただくことになったのだ！過去の受賞者には、リチャード・ドーキンス博士やニコラス・デイビス博士、ジョン・クレブス博士といった、世界を代表する研究者たちが名を連ねている。日本人初、そしてアジア人としても初めての受賞となる。

受賞理由は、鳥の言葉を解明し、動物言語学という新しい領域を切り拓《ひら》いたこと。まさに、本書の内容そのものである。キャベツと闘い、バッタを集め、たどり着いた鳥語の世界。僕のこれまでの研究が世界に認められたことを心からうれしく感じると同時に、この新しい学問を牽引《けんいん》していかなければならないと、身が引き締まる思いである。

僕はめずらしい生き物を対象としたわけでもなければ、特別な技術を使ったわけでもない。身近な野鳥のシジュウカラを対象に、双眼鏡とレコーダー、そして、ちょっとしたアイデアで研究を進めてきた。それでも、たくさんの新発見があったのだから、自然界にはまだまだ僕たちの知らない世界が広がっているのだろう。そう思うとワクワクするのは僕だけではないはずだ。

情報を得るのが容易な時代となった。わからないことはインターネットで検索したりＡＩに質問すれば、たいていの場合、即座にその答えが見つかる。しかし、それらを使っても、どうしても得られないものがある。それは、僕たち自身と自然とのかかわりの中から生まれる、世界についての新たな気づきや発見である。だからこそ、自然観察は楽しいのだ。

そしてその楽しさは、アカデミアのような特別な場でなくても、誰しも日常の暮らしの中で体験できるものである。本書が、皆様にとって、身近な自然から新しい気づきを得るためのきっかけになればと願う。

最後に、本書を読んでくださった皆様と、この本の出版に携わってくださったすべての方々、そして、これまで僕にたくさんの気づきを与えてくれた野鳥たちに、心から感謝いたします。
それでは、また次の本でお会いしましょう。

二〇二四年秋　東京大学の研究室にて

鈴木俊貴

特別付録

シジュウカラの鳴き声を聞いてみよう

※鳥たちが驚かないように、音声を聞く時は
室内で音量に注意して聞いてください。
※読みこみたい二次元コード以外を手などで隠すと、読みこみやすくなります。

ツツピーツツピー

縄張り宣言

⇨ p75

ヒヒヒ

空にタカを
見つけた時の声

⇨ p22

ビビビビビ

餌をねだる
ヒナの声

⇨ p66

ジャージャー

「ヘビ」
という意味の声

⇨ p107

ピーツピ

「警戒しろ」
という意味の声

⇨ p83

ヂヂヂヂ

「集まれ」
という意味の声

⇨ p22

ピーツピ・ヂヂヂヂ

「警戒して・集まれ」
という文

⇨ p186

本書に関連する発表論文

- Suzuki TN（2011）Parental alarm calls warn nestlings about different predatory threats. *Current Biology* 21: R15-R16.
- Suzuki TN（2012）Long-distance calling by the willow tit, *Poecile montanus,* facilitates formation of mixed-species foraging flocks. *Ethology* 118: 10-16.
- Suzuki TN（2012）Referential mobbing calls elicit different predator-searching behaviours in Japanese great tits. *Animal Behaviour* 84: 53-57.
- Suzuki TN（2014）Communication about predator type by a bird using discrete, graded and combinatorial variation in alarm calls. *Animal Behaviour* 87: 59-65.
- Suzuki TN, Wheatcroft D. & Griesser M（2016）Experimental evidence for compositional syntax in bird calls. *Nature Communications* 7: 10986.
- Suzuki TN, Wheatcroft D. & Griesser M（2017）Wild birds use an ordering rule to decode novel call sequences. *Current Biology* 27: 2331-2336.
- Suzuki TN（2018）Alarm calls evoke a visual search image of a predator in birds. *Proceedings of the National Academy of Sciences of the United States of America*（*PNAS*）115: 1541-1545.
- Suzuki TN（2020）Other species' alarm calls evoke a predator-specific search image in birds. *Current Biology* 30: 2616-2620.
- Suzuki TN（2021）Animal linguistics: Exploring referentiality and compositionality in bird calls. *Ecological Research* 36: 221-231.
- Suzuki TN & Matsumoto YK（2022）Experimental evidence for core-Merge in the vocal communication system of a wild passerine. *Nature Communications* 13: 5605.

・Suzuki TN & Sugita N（2024）The ‘after you’ gesture in a bird. *Current Biology* 34: R231-R232.
・Suzuki TN（2024）Animal linguistics. *Annual Review of Ecology, Evolution, and Systematics* 55: 205-226.

英語の参考文献

・Cheney DL & Seyfarth RM（1990）*How Monkeys See the World*. University of Chicago Press.
・Krebs J, Ashcroft R & Webber M（1978）Song repertoires and territory defence in the great tit. *Nature* 271: 539-542.
・Kroodsma DE, Byers BE, Goodale E, Johnson S & Liu W-C（2001）Pseudoreplication in playback experiments, revisited a decade later. *Animal Behaviour* 61: 1029-1033.

日本語の参考文献

・アリストテレス（2023）『政治学』（上下）三浦洋訳、光文社
・カール・フォン・フリッシュ（1992）『ミツバチの不思議　第2版』伊藤智夫訳、法政大学出版局
・コンラート・ローレンツ（1998）『ソロモンの指環　動物行動学入門』日高敏隆訳、早川書房
・ダスティン・R・ルーベンスタイン、ジョン・オールコック（2021）『オールコック・ルーベンスタイン　動物行動学　原書11版』松島俊也ほか訳、丸善出版
・チャールズ・ダーウィン（2016）『人間の由来』（上下）長谷川眞理子訳、講談社
・ニコ・ティンバーゲン（1977）『鳥の生活』蠟山朋雄訳、思索社
・ニコラス・B・デイビス、ジョン・R・クレブス、スチュアート・A・ウェスト（2015）『デイビス・クレブス・ウェスト　行動生態学　原著第4版』野間口眞太郎ほか訳、共立出版
・バーンド・ハインリッチ（1995）『ワタリガラスの謎』渡辺政隆訳、どうぶつ社
・長谷川博（2020）『アホウドリからオキノタユウへ』新日本出版社
・山極寿一、鈴木俊貴（2023）『動物たちは何をしゃべっているのか？』集英社
・リチャード・ドーキンス（2018）『利己的な遺伝子　40周年記念版』日高敏隆ほか訳、紀伊国屋書店

装丁　名久井直子
装画　100% ORANGE

鈴木俊貴（すずき・としたか）

東京大学准教授。動物言語学者。

1983年東京都生まれ。日本学術振興会特別研究員SPD、京都大学白眉センター特定助教などを経て現職。文部科学大臣表彰（若手科学者賞）、日本生態学会宮地賞、日本動物行動学会賞、World OMOSIROI Awardなど受賞多数。シジュウカラに言語能力を発見し、動物たちの言葉を解き明かす新しい学問、「動物言語学」を創設。愛犬の名前はくーちゃん。本書が初の単著。

僕には鳥の言葉がわかる

2025年1月28日　初版第１刷発行
2025年7月　5日　　　　第11刷発行

著者　鈴木俊貴
発行人　鈴木亮介
発行所　株式会社小学館
〒101-8001　東京都千代田区一ツ橋2-3-1
電話　編集　03-3230-5966　販売　03-5281-3555

印刷所　TOPPANクロレ株式会社
製本所　株式会社　若林製本工場

販売　楫野晋司
宣伝　一坪泰博
制作　宇都 星
資材　朝尾直丸
編集　竹井 怜

ISBN 978-4-09-389184-4